LOS CAMINOS DE LA BIOLOGÍA

M. Àngels Ull (ed.)

LOS CAMINOS DE LA BIOLOGÍA

EN QUÉ TRABAJAN LAS PERSONAS
QUE SE DEDICAN A LAS CIENCIAS BIOLÓGICAS

UNIVERSITAT DE VALÈNCIA

© Del texto: los autores y las autoras, 2024

© De esta edición:
Universitat de València, 2024

Corrección y maquetación:
Letras y Píxeles, S. L.
Diseño de la cubierta:
Publicacions de la Universitat de València

ISBN Papel: 978-84-1118-332-1
ISBN PDF: 978-84-9133-333-8
http://dx.doi.org/10.7203/PUV-OA-333-8
Depósito legal: V-714-2024

Imprenta: Safekat

ÍNDICE

Introducción

Este libro está dirigido a todos aquellos y aquellas estudiantes de secundaria que están pensando en escoger Biología, Biotecnología o Bioquímica y Ciencias Biomédicas como grado que estudiar, así como a quienes ya los han escogido y los están cursando. Sé que en muchos casos una de las dudas es cuál elegir y otra si podré vivir de esto.

Esta segunda duda nos persigue a los profesionales de la biología desde el principio. Me licencié en Ciencias-Sección Biología en 1976, pertenezco a la quinta promoción de Ciencias Biológicas de la Universitat de València, conozco a muchos compañeros y compañeras de las cuatro promociones anteriores y he dado clase a las cuarenta promociones posteriores, y ese es el tema que sigue apareciendo; la familia, los amigos, todos preguntan: ¿y vas a vivir de esto? ¿Qué salida profesional tiene, que no sea la enseñanza? Y bueno, ahora, con alguna variante: ¿cómo quieres dedicarte a la biotecnología si no hay empresas en València? ¿No quieres estudiar Medicina con una nota de corte que te lo permite y escoges Bioquímica y Ciencias Biomédicas? ¿De qué trabajarás?

Bien, pues promoción tras promoción una gran mayoría hemos ido trabajando de lo nuestro, nos ganamos la vida con nuestra formación y, sobre todo, el grado de satisfacción respecto a nuestro trabajo es muy alto. Nos gusta lo que hacemos, ser profesionales indispensables para la vida, como decía un antiguo eslogan del COB (Colegio Oficial de Biólogos). Así que, como hago desde hace más de cuarenta años, sigo animando, a todas aquellas personas que quieran estudiar Ciencias Biológicas y vivir de ello, a que lo hagan, y también sigo diciendo que es posible.

Recientemente, Luis García Montero recogía en un artículo[1] la reflexión que

> Para comprender que no es lo mismo tener un empleo que tener una vocación, pocas lecturas son tan aconsejables como una conferencia de Juan Ramón Jiménez, escrita en 1936, titulada *Política poética*. Quien tiene un empleo hace su labor para ganar dinero; quien tiene una vocación consigue que el amor a

---

[1] *El País*, 9 de enero 2022.

su trabajo sea un ámbito de compromiso humano. No solo se trata del dinero, sino de la ética que uno elige para relacionarse con los demás.

Hace unos veinte años, en la Facultad de Ciencias Biológicas de la Universitat de València, se introdujo en el plan de estudios anterior y luego en los de grado una asignatura que trataba sobre las competencias profesionales de los biólogos, es decir, en qué trabajan las personas que se dedican a las ciencias biológicas, y dentro de esa asignatura hemos venido organizando mesas redondas con profesionales de muchos ámbitos de la biología. A esas mesas redondas fuimos invitando a muchos profesionales, a los que conozco gracias a mi trabajo como profesora en la Facultad de Ciencias Biológicas y, sobre todo, gracias a mi relación con el COBCV (Colegio Oficial de Biólogos de la Comunidad Valenciana). Cada año he oído contar a estos compañeros y compañeras su dedicación a la profesión y no he dejado de emocionarme oyéndolos explicar en qué trabajan y cómo han llegado hasta ahí, transmitiendo su vocación al alumnado, en todos los casos de una manera brillante.

No he tenido tiempo hasta ahora de plasmar todo ello en un texto que pueda ayudar a los que nos siguen o nos seguirán en la profesión, pero ahora ha llegado el momento. Y he pedido a las compañeras y compañeros que han colaborado estos años en esta difusión que pongan su experiencia de vida por escrito, con la esperanza de que esto os ayude en el camino profesional, para que podáis ver el amplio abanico de posibilidades que nos abre esta profesión y lo satisfactorio que es trabajar en algo que nos gusta. Esta experiencia de vida profesional nos la podrían contar muchos otros, pero se lo he pedido a aquellos que, año tras año, han venido a la Facultad y han dedicado su tiempo a trasmitir su amor por los distintos ámbitos de la biología, la bioquímica y la biotecnología. Todos han respondido y contamos con 18 colaboraciones que estoy segura de que os inspirarán y animarán a seguir sus caminos, los caminos de la biología.

Las contribuciones que hemos escrito responden a las preguntas sobre cuál fue su formación, qué estudios de posgrado siguieron, en qué trabajan y cómo han llegado a ejercer de lo suyo. El libro está estructurado en seis capítulos y en cada uno de ellos he podido contar con profesionales que nos cuentan esas historias. Por orden de aparición en el libro, además de la mía en el primer capítulo, han colaborado:

En el ámbito de la sanidad:
- El microbiólogo clínico Juan Alberola
- La analista clínica Purificación Argüeso
- La experta en reproducción asistida Inmaculada Molina
- El experto en cultivo de tejidos Vicente Mirabet

En el ámbito del medio ambiente:
- El consultor ambiental y naturalista profesional Gerardo Urios
- El consultor ambiental, ecologista y político Juan Ponce
- El experto en gestión de espacios naturales Ignacio Lacomba
- El experto en especies protegidas Vicente Sancho
- El autónomo experto en limnología Juan Rueda

En el ámbito de la formación-docencia e investigación:
- La profesora de educación secundaria Magdalena Pérez
- La catedrática de Bioquímica y Biología Molecular Emilia Matallana
- La catedrática de Biología Celular experta en neurociencia Isabel Fariñas
- El catedrático de Zoología experto en etología Enrique Font
- La experta en educación ambiental Patricia Callaghan

En el ámbito de producción y calidad, y biotecnología:
- El profesor de investigación y fundador de la empresa Biópolis Daniel Ramón
- El científico titular del CSIC y experto en acuicultura Juan Peña

En el capítulo de servicios:
- El ecotoxicólogo forense Luis Burillo

Mi agradecimiento a todos y todas por esta nueva colaboración, sin la cual este libro no sería posible.

Capítulo 1

La biología como profesión

1.1 LOS INICIOS DE LA BIOLOGÍA COMO PROFESIÓN

Los estudios de ciencias biológicas en España comenzaron en la década de 1950, en la Universidad Complutense de Madrid. Concretamente, en 1953 se aprobó el primer plan de estudios, dentro de la Facultad de Ciencias, Sección de Ciencias Naturales, y como licenciatura en Ciencias Biológicas, separándose de la licenciatura en Ciencias Geológicas; también se impartía en la Universidad de Barcelona. A partir de 1964 se fueron aprobando planes de estudio de Biología en las distintas universidades, y en 1970 ya existían en once universidades españolas; rápidamente aumentó el número de estudiantes que escogían Ciencias Biológicas. En estos planes de estudio aparecían por primera vez las especialidades, así como asignaturas optativas. En la década de los ochenta ya existía la licenciatura de Biología en más de veinte universidades. En la mayoría de esos planes de estudio se contemplaban las especialidades de Biología Fundamental, Botánica y Zoología, reflejo de los equilibrios de poder de una serie de cátedras, tal y como indica Fernández Pérez.[1] La especialidad de Bioquímica solo existía en las universidades autónomas de Madrid y Barcelona, así como en la Universitat de València (en adelante, UV), y posteriormente se convirtieron en titulaciones de segundo ciclo. Se puede encontrar más información sobre los primeros planes de estudio de Biología en Nieto Nafría (1989) y en Camprubí (1997).[2]

En la UV, la sección de Ciencias Biológicas se implantó en la Facultad de Ciencias en el curso 1968-69, y vino a sumarse a las secciones de Química,

---

[1] J. Fernández Pérez: «Biología y Sociedad en España, 1952-2002», en *50 Aniversario de los Estudios de Biología en España*, Conferencia Española de Decanos de Biología (CEDB), Córdoba, Publicaciones Obra Social y Cultural Cajasur, 2002.

[2] J. M. Nieto Nafria: *Los estudios de Biología en las universidades de España: cuatro décadas de cambio*, Universidad de León, 1989; P. Camprubí García: *La profesión de Biólogo*, Madrid, Colegio Oficial de Biólogos, 1997.

Física y Matemáticas. En siete años, cuando yo terminé mi licenciatura en 1976, el alumnado de Ciencias Biológicas pasó a ser el más numerosos de las cuatro secciones de esta facultad, y en poco tiempo ya superaba el millar. Y ya en esos años las biólogas éramos mayoría y lo seguimos siendo. Más del 60 % del estudiantado de las facultades de Biología son mujeres, pero siempre es difícil hacer referencia a la profesión en femenino. El libro de referencia editado por el COB en 1997 se titula *La profesión de Biólogo*, a pesar de ser nosotras mayoría en la profesión y de que algunas ya peleamos para que el título fuera otro más inclusivo; este he intentado que lo sea.

En esos primeros años la salida profesional mayoritaria era la enseñanza secundaria. Cada año se convocaban muchas plazas para profesorado de secundaria y la mayoría de mis compañeros/as se presentaron a oposiciones y pasaron en uno, dos o tres años a ser funcionarios como profesorado en institutos. En la década de los ochenta ya no era tan fácil: salían pocas plazas y había que irse a otras comunidades autónomas, pero también es cierto que se diversificó el abanico profesional y emergieron otros ámbitos, como el medio ambiente, la sanidad, la investigación, la producción.

Esas primeras promociones de biólogos/as dedicadas a la enseñanza secundaria han sembrado una gran cantidad de vocaciones. Durante años he pedido al alumnado de primer curso una redacción sobre por qué escogen estudiar biología, y es recurrente que digan que la causa fue su profesor o profesora de Biología del instituto, quien les abrió la mente a ese mundo, hasta entonces desconocido, de la estructura de la célula, el ADN, la herencia genética, los microorganismos y mucho más. Dentro de este grupo está el alumnado que además de Biología escoge Bioquímica y Ciencias Biomédicas o Biotecnología. Otra parte importante del alumnado indica que, ya desde pequeños, estaban entusiasmados con la naturaleza, los animales, grandes y pequeños, y unos pocos con las plantas, que siempre han tenido una preferencia minoritaria –hay muchos más zoólogos/as que botánicos/as–. Y hay otra parte significativa, que ahora se decanta directamente por la bioquímica y las ciencias biomédicas, que tiene clarísimo que quiere estudiar eso para poder investigar sobre las grandes enfermedades de nuestro tiempo (cáncer, Alzheimer, Parkinson, SIDA...) y encontrar la forma de curarlas, aunque no se ven capaces de afrontar la relación con los enfermos, esa es otra vocación distinta.

También me ha resultado curioso ver que se repetía muchas veces, a lo largo de los años, algo que ya pasaba conmigo y con muchos de mis compañeros y compañeras de promoción: nos gusta todo lo relacionado con las ciencias biológicas y nos es difícil escoger. Frente a aquellos que se empeñan en clasificarnos como biólogas de bata o biólogos de bota, es decir, de laboratorio y de campo, yo siempre decía que a mí me gustaba ser una bióloga de bata con botas. Entré, recién licenciada, en el Departamento de Bioquímica y Biología Molecular como profesora ayudante de clases prácticas, porque salieron plazas y me entusiasmaba la bioquímica y entonces no se requería tener la tesis doctoral para ese tipo de plazas. Pero las cosas podrían haber sido de otra manera. Antes, en quinto curso, había empezado mi tesina de licenciatura en fisiología vegetal (en el Departamento de la Escuela Técnica Superior de Ingenieros Agrónomos (ETSIA)), porque a las primeras promociones de Ciencias Biológicas nos daban clases de Fisiología Vegetal y de Microbiología, Genética, Bioquímica y Biología Molecular profesorado de la ETSIA y, a veces, ofertaban trabajos de fin de carrera a los estudiantes de Biología; fue más tarde cuando se consolidaron las cátedras y departamentos en la Facultad de Ciencias.

Pero antes, en los cursos de segundo y tercero, había sido alumna interna del Departamento de Botánica y había pasado muchas tardes clasificando plantas en el Jardín Botánico, que era donde teníamos el laboratorio, en el edificio anexo a los invernaderos, frente al umbráculo. Lo dejé porque no veía posibilidades de seguir en ese departamento, no porque no me gustara la botánica. Y si hubiera habido entonces una buena cátedra de Ecología o de Fitosociología y plazas disponibles, no sé por cuál hubiera optado en el año de mi licenciatura. Pero tardamos unos años en constituir una facultad con todos los departamentos consolidados. Y la plaza surgió en Bioquímica y Biología Molecular. Comenzaba, ese curso de 1976-77, la especialidad de Bioquímica, a la que se podía optar desde tercer curso de Química o de Biología, y se dotaron varias plazas para ese departamento incipiente en la entonces Facultad de Ciencias.

He pedido a los compañeros y compañeras que colaboraron durante los años en que se impartió esta asignatura, o se organizaron mesas redondas, que colaboren ahora en este libro, escribiendo un resumen de su periplo profesional, y yo también lo he hecho. En mi caso, ese recorrido vital está íntimamente relacionado no solo con el Departamento de Bioquímica y Biología Molecular, sino también con la Facultad de Ciencias Biológicas y con el Colegio Oficial de Biólogos, del que formo parte desde su creación en 1980, y en el que durante muchos años fui miembro de la Junta de Gobierno y delegada en la Comunidad Valenciana y, cuando constituimos el COBCV en el año 2000, su decana en los primeros años. Así que iré contando mi recorrido profesional a la vez que hablo sobre los estudios de Ciencias Biológicas, la evolución de la facultad y la del COB-COBCV.

Pero, realmente, mi periplo profesional no ha sido el típico de una profesora de universidad, como puede verse en mi currículo abreviado, que resumo a continuación.

1.2 UN LARGO CAMINO, M. Àngels Ull

Profesora titular de Bioquímica y Biología Molecular adscrita al Departamento de Bioquímica y Biología Molecular de la Facultad de Ciencias Biológicas de la Universitat de València (UV) desde 1990 y contratada en dicho departamento desde 1976. Realicé mi tesis doctoral sobre la «Estructura de la cromatina del guisante», mientras trabajaba como profesora ayudante de clases prácticas. Acabada la tesis, seguí investigando sobre biología molecular de plantas algunos años más, hasta que pasé a dedicarme a la gestión. Actualmente estoy jubilada, aunque sigo adscrita, a efectos de investigación, a la ERI (entidad de investigación interdisciplinar) de Estudios de Sostenibilidad de la UV, ahora integrada en el Instituto López Piñero.

He sido, durante cuarenta años, docente en la UV; decana de la Facultad de Ciencias Biológicas, desde 1990 hasta 1993 (y primera decana de las facultades de Ciencias de la UV); directora general de Conservación del Medio Natural de la Consejería de Medio Ambiente de la Generalitat Valenciana (1994-95); y delegada del rector de la UV para asuntos de medio ambiente (1996-2002, siendo rector Pedro Ruiz Torres).

Desde 2003 formo parte del Grupo de Investigación sobre Sostenibilidad y Educación Superior de la UV, que investiga la introducción de la sostenibilidad en la docencia universitaria. El último proyecto de investigación en el que he participado, financiado por el Ministerio de Ciencia e Innovación, ha sido «(Re) orientando la práctica docente hacia la sostenibilidad: entornos presenciales y virtuales para la formación del profesorado de educación secundaria», y el anterior proyecto fue «Sostenibilización Curricular en los planes de Grado: revisión de las competencias básicas para la sostenibilidad en las guías docentes; desarrollo y evaluación». Formé parte también, desde sus inicios, de la Comisión de Sostenibilidad de la CRUE (Conferencia de Rectores de las Universidades

Españolas), en el grupo de trabajo Introducción de la sostenibilidad en la docencia universitaria de la UV.

He publicado más de treinta artículos sobre educación ambiental y educación para la sostenibilidad centrados, sobre todo, en competencias en sostenibilidad, y soy autora, junto con mi amiga la catedrática de Teoría de la Educación Pilar Aznar Minguet, del libro *La responsabilidad por un mundo sostenible: propuestas para padres y profesores* (2012).

He participado en diversos proyectos de investigación financiados por el Ministerio de Educación y también por la Conselleria d'Educació de la Generalitat Valenciana y por la propia UV, los primeros años en el ámbito de la biología molecular y posteriormente en educación ambiental y educación para la sostenibilidad.

He sido docente del Programa de Doctorado Interuniversitario de Educación Ambiental, en el que participaban ocho universidades, auspiciado por el Ministerio de Medio Ambiente (CENEAM), y directora del curso de posgrado de la UV (ADEIT) «Protección, conservación y manejo de espacios naturales protegidos», del que se han impartido tres ediciones en los últimos años. También he sido presidenta, durante varios años, de la Asociación Valenciana de Educación Ambiental y Desarrollo Sostenible (AVEADS), en la que han estado asociados la mayoría de los educadores ambientales de la Comunitat Valenciana.

1.3 La defensa de la profesión

Siempre me ha interesado defender la profesión de biólogo/a. Emergimos en los años setenta, pero éramos grandes desconocidos. El gran referente de esos años en televisión era Félix Rodríguez de la Fuente, al que todos conocen aún hoy, pero Félix era médico. Lo mismo ocurría con el gran bioquímico y premio Nobel Severo Ochoa. Pero había empezado la nueva licenciatura, ya podía uno o una estudiar y especializarse en zoología, botánica o bioquímica, y el estudiante de biología debía buscarse su hueco profesional y disputárselo a otras profesiones mucho más antiguas. Profesiones que estaban muy bien organizadas para defender sus competencias profesionales, ya que tenían sus colegios oficiales. Médicos, farmacéuticos, ingenieros agrónomos, ingenieros forestales... todos tenían su colegio profesional.

Los biólogos empezamos colegiándonos en los colegios de doctores y licenciados, que como sus nombres indican acogían a todas aquellas licenciaturas que no tenían colegio propio. En 1973 se constituyó la Sección Profesional de Biólogos (SPF), del Colegio de Doctores y Licenciados de Cataluña; en 1974 se constituyó en Euskadi la Asociación Bizia (Vida en castellano); y en gran parte de España se implantó la Asociación de Licenciados en Biología de España (ALBE). Estas tres entidades coordinaron y organizaron, en diciembre de 1978, el Primer Simposio Estatal de Biólogos, que tuvo lugar en la Universitat de Barcelona, y al que asistimos más de mil biólogos/as de toda España. Allí se acordó, por mayoría aplastante, efectuar las gestiones para que se creara el Colegio Oficial de Biólogos e instar a los poderes públicos a la aprobación de una «Carta profesional del biólogo».

Ambas cosas se consiguieron. La aprobación del COB tuvo lugar dos años después, mediante la Ley 75/1980. Era único para toda España y contaba con unos estatutos provisionales que contemplaban la Junta de Gobierno y la posibilidad de delegaciones territoriales. La Carta nos costó bastante más, dieciséis años, ya que no fue hasta que se aprobaron los estatutos definitivos del COB, en 1996. En estos, en el artículo 15, se recogen las competencias profesionales de los biólogos. También se da paso a la creación de los colegios territoriales, ya que durante esos años se habían constituido las comunidades autónomas y se iban creando los colegios profesionales en cada comunidad.

Y si hablo como parte de todo este proceso es porque lo he vivido en primera persona. A la vuelta del Primer Simposio Estatal de Biólogos, al que asistí a título individual, convoqué a los biólogos/as colegiados en el Colegio de Doctores y Licenciados de Valencia a una asamblea. Acudieron unos cincuenta, les informé de lo aprobado en Barcelona y nos convertimos en el embrión de la Sección Profesional de Biólogos, que no llegó a funcionar como tal, dado que en cuanto se aprobó la creación del COB nos colegiamos en este y constituimos la delegación en la Comunitat Valenciana. Fui la delegada de esta en la Junta de Gobierno del COB durante catorce años, durante los cuales he asistido a reuniones a lo largo de todo el territorio español. Aunque muchas han sido en Madrid, por ser lo más fácil para acudir desde cualquier parte, recuerdo reuniones maratonianas, aunque siempre lo eran, en Barcelona, Granada, València, Oviedo, León e incluso en Tramacastilla de Tena (Huesca), donde nos acogieron los biólogos de Aragón, que consiguieron que nos cedieran la sala de plenos de ese ayuntamiento para las reuniones. He aprendido mucho en estas reuniones, de fin de semana o solo de sábado, sobre la profesión y sobre en qué trabajaban y siguen trabajando los biólogos/as. Pasamos mucho tiempo perfilando ese artículo 15 de los Estatutos que enumera las competencias profesionales y fuimos recogiendo el trabajo de nuestros profesionales colegiados de cualquier punto de España. Pero no solo en aquello que trabajaban, también viendo sobre qué base poder ejercer tal o cual competencia, es decir, qué asignaturas de la licenciatura daban cobertura a esa especialización, que podía además ampliarse en un máster. Y como puede verse en el artículo 15, casi nos acabamos el alfabeto enumerando las competencias, porque nuestra profesión presenta un abanico de posibilidades muy amplio.

CUADRO 1.1

Artículo 15 de los Estatutos del COB

COMPETENCIAS PROFESIONALES
El artículo 15 de los estatutos del COB establece que las funciones de la profesión de biólogo son:
a. Estudio, identificación y clasificación de los organismos vivos, así como sus restos y señales de su actividad.
b. Investigación, desarrollo y control de procesos biológicos industriales (biotecnología).
c. Producción, transformación, manipulación, conservación, identificación y control de calidad de materiales de origen biológico.
d. Identificación, estudio y control de los agentes biológicos que afectan a la conservación de toda clase de materiales y productos.
e. Estudios biológicos y control de la acción de productos químicos y biológicos de utilización en la sanidad, agricultura, industria y servicios.
f. Identificación y estudio de los agentes biológicos patógenos y sus productos tóxicos. Control de infecciones y plagas.
g. Producción, transformación, control y conservación de alimentos.
h. Estudios y análisis físicos, bioquímicos, citológicos, histológicos, microbiológicos e inmunobiológicos de muestras biológicas, incluidas las de origen humano.
i. Estudios demográficos y epidemiológicos.
j. Consejo genético y planificación familiar.
k. Educación sanitaria y medioambiental.
l. Planificación y explotación racional de los recursos naturales renovables, terrestres y marítimos.
m. Análisis biológicos, control y depuración de aguas.
n. Aspectos ecológicos y conservación de la naturaleza. Aspectos ecológicos de la ordenación del territorio.
o. Organización y gerencia de espacios naturales protegidos, parques zoológicos, jardines botánicos y museos de ciencias naturales. Biología recreativa.
p. Estudios, análisis y tratamiento de la contaminación industrial, agrícola y urbana. Estudios sobre biología e impacto ambiental.
q. Enseñanza de la biología en los términos establecidos por la legislación educativa.
r. Asesoramiento científico y técnico sobre temas biológicos.
s. Todas aquellas actividades relacionadas con la biología.

En mis charlas de los últimos años siempre he comentado que si escribiéramos ahora estas competencias lo haríamos en un lenguaje más actual, de hecho, en este texto utilizaré la clasificación y descripción que publicó el Consejo General de Colegios Oficiales de Biólogos en un folleto informativo hace unos años, para ir desgranando las competencias en los distintos capítulos, y que quedan agrupadas en sanidad, medio ambiente, formación y docencia, producción y calidad y servicios, pero está todo ahí, en el artículo 15.

No sé decir por qué me ha interesado tanto el tema de la profesión. Como he dicho antes, en octubre de 1976 ya estaba dando clase en la facultad, y aunque tardé unos años en ser funcionaria, en realidad a los funcionarios, hasta ahora, no se nos exige que estemos colegiados para ejercer, solo a quienes ejercen la profesión como liberales. Así que no era la persona más necesitada de un colegio profesional. Pero en tanto que formadora de los futuros/as profesionales siempre he creído necesario velar por la profesión y encontré en mi pareja el apoyo necesario para dedicar varios fines de semana al año a las reuniones de junta y mucho tiempo al funcionamiento ordinario de la delegación (local, personal y muchas cosas más). Y ello sin recibir ninguna compensación económica, porque los miembros de junta (decanos/as, secretarios/as, tesoreros/as, delegados/as, vocales) no cobran en los colegios profesionales, cosa que siempre sorprende cuando lo cuento.

También influyó en mi permanencia en la Junta del COB el grupo humano que la formaba. Durante los primeros años fuimos una piña, formada por personas de todos los puntos de España y que, como yo, estaban interesadas en que nuestra profesión adquiriera el reconocimiento social y legal que creíamos debía tener. Más tarde la piña se partió, como en todos los grupos humanos. Con los años surgieron desavenencias, cambiaron las personas, ya fue otra cosa, pero esos primeros años yo viví el proceso de consolidación del COB con mucha dedicación, mucho esfuerzo y grandes compensaciones personales. Esa junta de gobierno era un grupo absolutamente diverso. Solo tres éramos profesores universitarios; había analistas clínicos, técnicos en empresa farmacéutica, investigadores, expertos en evaluación ambiental, educación ambiental, análisis de aguas o producción vegetal, profesores de enseñanza secundaria, técnicos de la Administración, gestores de fauna..., y todos aportábamos algo. Y hay que decir que éramos pocas mujeres, probablemente por la exigencia de tiempo que suponía en un período de la vida en el que la dedicación a los hijos es importante y recaía (y creo que sigue recayendo, a pesar de lo que se ha avanzado) sobre todo en las mujeres.

Nos propusimos hacer un Plan Estratégico para el Colegio y en unos pocos años ya teníamos más de 10.000 colegiados, delegaciones en casi todas las Comunidades Autónomas y algunos juicios ganados para el ejercicio de diversos aspectos de la profesión, así que parece que no lo hicimos tan mal.

En la Comunitat Valenciana, en el año 2000, cuando pasamos de delegación del COB a ser Colegio Oficial de Biólogos de la Comunidad Valenciana (COBCV) mediante la Ley autonómica 18/2000, éramos alrededor de mil colegiados. El COBCV es una organización de derecho público sin ánimo de lucro, sus estatutos fueron aprobados en diciembre del año 2000. Y, según estos, el COBCV tiene la representatividad profesional de los biólogos en la Comunitat Valenciana. También es miembro de pleno derecho del Consejo General de Colegios de Biólogos del Estado Español. El COBCV defiende la capacidad y la competencia de los biólogos valencianos para actuar profesionalmente en amplios campos de conocimiento.

Tanto hablar del colegio profesional no quisiera que llevara a error; no soy, y creo que en general los biólogos tampoco, corporativista, es decir, no vamos contra nadie ni somos excluyentes, y eso viene reflejado en una de las frases que ha definido a nuestro colegio: «El COB trabaja para conjugar los esfuerzos que abran caminos de conocimiento, junto con otras profesiones, a una sociedad abierta, moderna, pluralista y en rápida transformación». Precisamente porque hemos sufrido cierto acoso por parte de otras profesiones consolidadas es por lo que tenemos clara la necesidad de formar siempre equipo con otras profesiones.

Y no exagero cuando hablo de acoso e intentos de derribo. Desde el Colegio hemos acudido mucho a los tribunales para defender esas competencias del artículo 15 y se ha gastado una parte importante del poco dinero del que se dispone, en un colegio relativamente económico para sus colegiados, en litigar en defensa de nuestras competencias. Por ejemplo, el Colegio de ATS-DUE perdió una causa abierta contra el COB que pretendía que los biólogos no pudiéramos tomar muestras de sangre, aunque sí pudiéramos analizarlas. La sentencia dejó claro que el analista es quien debe tomar la muestra y lo dejamos bien reflejado en el apartado h) del artículo 15, que dice que podemos hacer «Estudios y análisis físicos, bioquímicos, citológicos, histológicos, microbiológicos e inmunobiológicos de muestras biológicas, incluidas las de origen humano». Y se han ganado muchos recursos frente a la Administración por no incluir a los biólogos en concursos para plazas a las que sí debían poder aspirar por las competencias profesionales reconocidas ante la ley.

Mi preocupación por la profesión también tuvo que ver en la decisión de formar parte de un equipo decanal que se presentó a las elecciones al decanato de la Facultad de Ciencias Biológicas de la Universitat de Valencia (UV) en 1990. Había en aquel momento un vacío de poder en esta: el anterior decano no quería repetir y no hubo candidaturas, y el decano saliente estuvo en funciones un tiempo, hasta que un grupo nos decidimos, porque había que hacer un nuevo plan de estudios. Pensábamos que era importante que el plan reflejara los nuevos tiempos de las ciencias biológicas y no supusiera el reparto de la tarta de las asignaturas entre los departamentos, sin tener en cuenta las necesidades formativas de los futuros profesionales de la biología. Al final la candidata a decana fui yo, arropada por aquel grupo que constituyó mi equipo (Vicente Tordera, Manuel Serra, Amparo Latorre y Carles Soler). Recuerdo que mi director de tesis, y de departamento en ese momento, me aconsejó que no me presentara, que era tiempo de consolidar mi carrera profesional dentro del departamento en ese momento, cuando ya era profesora titular de Bioquímica y Biología Molecular. Pero a mí me gusta la gestión y no me he arrepentido nunca de haber decidido presentarme. Fui decana ese primer mandato, en el que se aprobó el nuevo plan de estudios (el anterior a los actuales planes de grado), y fui reelegida para un segundo mandato. Pero en 1994 lo dejé (el equipo siguió la tarea iniciada, con Vicente Tordera como decano), porque surgió la propuesta del entonces *conseller* de Medio Ambiente de la Generalitat Valenciana, Emèrit Bono, de que fuera a ocupar la Dirección General de Conservación del Medio Natural. Y viví unos años muy intensos ocupándome de los espacios naturales, de las especies protegidas de flora y fauna, la caza, la pesca y las vías pecuarias.

Pero podríais preguntaros: ¿qué hace una bioquímica en medio ambiente?. Como ya he dicho, siempre he sido una bióloga de bata (bioquímica) con botas. Las botas me las ponía para ir a la montaña, he sido socia del Centro Excursionista de Valencia (CEV) muchos años, y a finales de los años setenta creamos, con un grupo de compañeros/as biólogos, estudiantes de Biología y otra mucha gente de distintas profesiones y el mismo amor por la naturaleza, la Sección de Ecología del CEV. Recorrimos muchas veces lo que ahora son parques naturales o espacios con diferentes figuras de protección, pero que entonces no las tenían, y a nosotros nos interesaban especialmente por ser espacios naturales representativos de nuestra biodiversidad y porque debían ser protegidos. Recogimos muestras, sobre todo de flora, fotografiamos –gracias a un compañero, excelente fotógrafo– los diferentes espacios, montamos audiovisuales –era lo que podíamos hacer entonces–, organizamos en la sede del centro ciclos de conferencias sobre los espacios naturales valencianos y empezamos a pelear por su catalogación y medidas de conservación. Y también en esa época el CEV firmó un convenio con la Diputación de Valencia por el que nuestra sección recolectaría semillas de especies autóctonas –robles, carrascas, fresnos...– al salir de excursión para llevarlas a los Viveros Forestales de la Diputación, donde las cultivaban para poder repoblar posteriormente con especies autóctonas. Y es que en esos años era muy difícil encontrar esas especies, porque el ICONA (Instituto para la conservación de la naturaleza), responsable de las repoblaciones a escala estatal, solo repoblaba los montes con pinos y no tenían en sus viveros otros árboles autóctonos. Por cierto, poco podía imaginar entonces que el responsable de los Viveros Forestales, al que no conocía y que estaba tan interesado como nosotros en repoblar con especies autóctonas, unos años después sería mi compañero de vida, por más de cuarenta años ya.

Así que cuando recibí la propuesta de asumir la Dirección General de Conservación del Medio Natural (DG) no me pareció tan descabellada, y lo que me acabó de animar fue la charla con el entonces asesor del *conseller*, Víctor Navarro Matheu, biólogo y compañero de promoción y con quien en cuarto curso habíamos estado trabajando en la flora de la sierra Calderona. En esa charla me comentó las tareas pendientes de la DG y hasta dónde creía que podíamos llegar en los dos años de legislatura que quedaban, trabajando duro. Pensé, vista la lista que Víctor había preparado, que valía la pena intentarlo. Empezamos por la Ley de Espacios Naturales Protegidos de la Comunitat Valenciana, Planes Rectores de Uso y Gestión (PRUG) de los parques ya declarados y los Planes de Ordenación de Recursos Naturales (PORN) previos a la declaración de espacios protegidos, como el del Parque Natural de la Albufera; salieron adelante las microrreservas de flora, algunos planes de protección de especies en peligro de extinción, la red de educadores ambientales en los parques naturales... y la gestión ordinaria del resto de temas, como la caza, la pesca y las vías pecuarias.

Fue todo un reto sacar adelante todo eso en tan poco tiempo. Llegamos en la lista justo hasta donde creíamos poder llegar; quedó por tramitar la propuesta de ley de árboles monumentales de la Comunitat Valenciana, que fue aprobada muchos años después. Fueron unos años intensos y apasionantes.

La vuelta a mi departamento fue difícil. Después de seis años en gestión era urgente retomar la investigación en biología molecular de plantas. Mi tesis doctoral fue sobre la estructura de la cromatina del guisante y había seguido con la identificación de proteínas no histonas asociadas al DNA. Pero de nuevo la gestión se cruzó en mi camino: el entonces rector, Pedro Ruiz Torres, me insistió para que aceptara el nuevo cargo de delegada del rector para asuntos de medio ambiente en la UV. Pasé de gestionar espacios naturales y especies protegidas a gestionar, por ejemplo, los residuos de la UV, ya que, entre otras cosas, pusimos en marcha un Programa de Minimización de Residuos (PMR) y la UV empezó a gestionar el papel, el vidrio, los residuos plásticos y las latas (cuando aún no había contenedor amarillo en las calles, dado que estábamos en 1996), así como los residuos peligrosos, que hasta esa fecha no se gestionaban, aunque ya se había hecho algún intento de gestión en el campus de Burjassot, siendo yo decana.

Justo entonces se estaba poniendo en marcha la Ley de Prevención de Riesgos Laborales, aprobada en 1995, en la que se contempla esa gestión de residuos peligrosos. Las universidades son un caso particular, ya que en sus laboratorios se utilizan prácticamente residuos peligrosos de todas las categorías, cosa que no ocurre en la industria, dado que cada tipo de industria acostumbra a producir solo residuos de pocos grupos en los que se clasifican aquellos. Producir residuos de todos los grupos complica mucho su gestión. Se puso en marcha el almacén de residuos peligrosos en el campus de Burjassot; se dio de alta a la UV como pequeño productor de residuos peligrosos; se licitó la recogida por gestor autorizado; se formó al personal de los departamentos, no solo en gestión sino también en minimización de residuos; se involucró al alumnado de prácticas de laboratorio; se constituyó un grupo de voluntariado ambiental; y, más adelante, se crearon puestos de trabajo específicos para la recogida. Al cabo de los años todo esto se hace de forma rutinaria, pero empezar no fue fácil. La gestión de residuos o, en general, la gestión ambiental en las empresas es también una salida profesional por la que han optado algunos profesionales de la biología.

Y tampoco olvidamos los aspectos docentes. Empezamos a hablar de *ambientalizar* el currículo, fuera el que fuera el título académico, porque algunas ya teníamos claro lo importante que era introducir la sostenibilidad en la docencia universitaria, algo a lo que me he dedicado los últimos veinte años como investigadora. Porque, aunque volví a mi departamento de Bioquímica y Biología Molecular, en el que no he dejado de ser docente, no he vuelto ya a hacer investigación en biología molecular de plantas. Cuando en 2002 dejé la Delegación del Rector para Medio Ambiente constituimos un grupo de investigación pluridisciplinar, para hacer investigación en educación para la sostenibilidad, y en ello he ocupado estos últimos años, con cierto éxito, muchos artículos publicados, un libro y varios capítulos de libros, numerosos congresos, diversos proyectos de investigación subvencionados, pertenencia a distintas redes de investigación en EDS y mucha satisfacción por trabajar en algo que creo fundamental y con gente que se dedica a ello con mucho entusiasmo.

Como se puede ver, he tocado muchos palos en el desarrollo de la profesión y ello me ha dado una visión muy amplia de la biología como profesión.

1.4 ¿Qué se entiende por profesión?

Todo el tiempo hablamos de la profesión, pero quizás sea conveniente definir el concepto, para lo que existen diversas versiones. Puede verse una amplia reflexión actual en el Dictamen del Comité Económico y Social Europeo en Bruselas (25 de marzo de 2014) sobre el tema «El papel y el futuro de las profesiones liberales en la sociedad civil europea de 2020», así como una definición:

> Las características de una profesión liberal son la prestación de un servicio idealmente de gran calidad, con marcado carácter intelectual, basado en una educación superior (académica), un compromiso con el interés de servicio público, un ejercicio de las funciones técnica y económicamente independiente, la prestación del servicio a título personal, bajo su propia responsabilidad y de manera profesionalmente independiente, la existencia de una relación de confianza especial entre el prestador del servicio y el cliente, el abandono del interés en obtener el máximo beneficio económico frente al interés del prestador por ofrecer un servicio óptimo y un compromiso de respeto estricto y preciso de la ética y las normas profesionales.

En el Estado español sigue vigente la Ley de Colegios Profesionales de 1974 (Ley 2/1974), con modificaciones que se realizaron en 2009. Según dicha ley, hay una exigencia de conocimientos y capacitación, acreditados mediante la posesión de un título académico oficial (Ley 2/1974, art. 1.2), así como una relación biunívoca entre titulación y profesión, que establece el colegio profesional correspondiente (Ley 2/1974, art. 4.5).

Requiere de la inscripción obligatoria en el colegio profesional correspondiente para el ejercicio de la profesión (Ley 2/1974, art. 3.2.), y así lo recoge también la ley autonómica valenciana de colegios profesionales.

Y también cabe destacar que el intrusismo profesional es un delito (Código Penal, art. 403) y que los colegios profesionales velan por que este no exista. Aunque realmente no ha habido muchos problemas en este aspecto a lo largo de los años.

De manera más resumida, siempre hemos dicho que la profesión es el ejercicio personal de la actividad, debe ser un quehacer habitual y continuado, además de un ejercicio público y ostensible, constituyendo el medio de vida del profesional, y ha de producir bienes y servicios para los demás. Es el ejercicio libre y voluntario de la actividad, hay una exigencia de conocimientos y capacitación y, para el ejercicio liberal de la profesión, es obligatoria la inscripción en el colegio profesional correspondiente.

Hablemos un poco de esta definición. Dice que «es el ejercicio personal de la actividad y debe ser un quehacer habitual y continuado», y en efecto eso es lo que deseamos los que estudiamos ciencias biológicas, poder dedicarnos a ello y vivir de ello. También habla de «un ejercicio público y ostensible», de ahí los clásicos letreros en las puertas de una consulta médica o de un despacho de abogados, aunque hoy en día se han sustituido por la correspondiente página web y la red es el escaparate de todas las profesiones. Recuerdo la anécdota de un compañero que vino a colegiarse el primer año del colegio. Me contó que tenía su laboratorio de análisis clínicos y hasta entonces tenía su letrero en la puerta como farmacéutico, que también lo era, pero antes había estudiado biología y estaba deseando colegiarse para anunciarse como biólogo, que era su profesión elegida. Otra compañera, también analista clínica, en su charla al alumnado siempre insistía en lo importante que es anunciarse bien y elaborar una buena página web para que te conozcan, porque hoy en día el letrero en la puerta es la página web.

Se menciona también que «constituye el medio de vida del profesional» y, en efecto, eso es lo que queremos todos, poder vivir de lo nuestro.

Y, por último, que «debe producir bienes y servicios para los demás», que es lo que más me gusta, pues estamos al servicio de la sociedad y nuestro trabajo debe servir para mejorarla.

Hay que decir que, a escala europea, somos una excepción junto a Portugal e Italia, en cuanto a regulación de las profesiones y existencia de colegios profesionales, que en Italia se llaman *ordine* y en Portugal *ordem*. En el resto de Europa existen asociaciones voluntarias de profesionales, pero nada parecido a los colegios profesionales. Por eso resulta también complicado unificar criterios con el resto de Europa respecto a la profesión.

1.4.1 *El visado colegial*

Debo hacer aquí una mención al visado colegial, porque sé que es un gran desconocido para los futuros profesionales de la biología. Probablemente saben que los arquitectos y otros profesionales visan sus proyectos en su colegio profesional, pero desconocen que también nosotros podemos y debemos hacerlo.

El visado es un acto colegial de control de la actividad profesional de los colegiados. Se recoge en el artículo 5q de la Ley de Colegios Profesionales de 1974, donde se atribuye a los colegios la función de «visar los trabajos profesionales de los colegiados, cuando así se establezca expresamente en sus Estatutos generales».

Los Estatutos del COBCV recogen en su artículo 18 la referencia al visado de trabajos profesionales, al igual que lo hizo el COB desde sus inicios, cuando era colegio único en toda España.

El visado, tal como recoge Camprubí en *La profesión de Biólogo*, no es un mero sellado de la documentación en la que se plasma un trabajo profesional, sino que supone la acreditación colegial de la identidad y habilitación del autor, así como la corrección e integridad formal, la apariencia de viabilidad legal del trabajo y la observancia de las normas colegiales por parte del autor (por ejemplo, que no existen incompatibilidades).

Por lo tanto, el visado es un instrumento de control de la condición de colegiado/a del autor o autora del trabajo y de su capacidad técnica corporativa, legal y deontológica, pero no tiene ninguna función de control de la calidad de los trabajos profesionales.

El visado colegial, por una parte, evita que el trabajo profesional esté sujeto exclusivamente a los intereses del cliente y, por otra, garantiza la existencia de una copia del trabajo profesional en los archivos colegiales, en el supuesto de pérdida de los archivos del colegiado.

En mi época como decana del COBCV, en los años 2000, los visados colegiales aumentaron en número, sobre todo en lo que respecta a estudios de impacto ambiental y también, por ejemplo, en acuicultura, tema que mencionaré en los capítulos correspondientes.

1.5 LA VOCACIÓN

El COB realizó una encuesta socioprofesional de los biólogos españoles en 1994 a más de quinientos colegiados a los que se preguntaba, entre otras muchas cosas, por las motivaciones para estudiar biología, y una abrumadora mayoría, el 81,9 %, respondió «Por vocación».

Diez años después, en 2004, el COBCV realizó otra encuesta a más de mil doscientos biólogos/as de València y la respuesta a esa misma pregunta fue aún más abrumadora, el 85 % había escogido esa opción «por vocación». Encuestas similares en otras titulaciones, incluso Medicina, nunca dan porcentajes tan altos, al contrario de lo que podría pensarse. Queda confirmado con esas dos encuestas que los profesionales de la biología somos muy vocacionales; en nuestro caso, no pesa nada la influencia familiar o de las amistades, ni las perspectivas profesionales, que sí tienen peso en otras profesiones.

Una mayoría de nuestra profesión espera poder vivir dignamente de lo suyo, haciendo lo que le gusta, y probablemente por ello, aunque los salarios no resulten muy altos o pocos se hagan ricos (y algunos conozco), la respuesta en cuanto al nivel de satisfacción con su trabajo actual como biólogo/a, en la encuesta antes mencionada a los biólogos/as valencianos, fue, de media, un 7,6, e incluso supera el 8 entre los mayores (de 45 años o más). Sí, ya sé que luego vino la crisis de 2008 y otras muchas cosas más, pero yo siempre digo que los biólogos/as siempre estamos en crisis diversas y siempre salimos adelante. También soy consciente de que existe un porcentaje de paro en la profesión o hay quien no trabaja de lo suyo, pero mi experiencia durante estos años es que quien persevera acaba en «lo suyo». Lo que no puede ser es lo de una colegiada que adujo, al preguntársele por qué se daba de baja del colegio al cabo de dos años, que «porque no le había proporcionado empleo». El colegio profesional no es una oficina de empleo. Si bien se reciben algunas demandas por parte de empleadores y se publica por parte del colegio un boletín con las ofertas que llegan o se publican, esa no es la función del colegio, sino la de defender la profesión.

Y si pensamos en la salida profesional, es importante buscar la especialización. En nuestro caso, antes de que los másteres se generalizaran con el cambio a los grados, más del 60 % de los licenciados hacía un máster y hacía también prácticas en empresa, que ahora están también generalizadas. Esto era, y es así, debido al amplio abanico de opciones de especialización que tenemos y que en la formación básica de grado no es posible que se abarque. Por lo tanto, para encontrar empleo, en mi opinión, es necesario buscar aquello que nos haga más singulares a la hora de defender el currículo, y algunos ejemplos se pueden leer en las páginas que siguen.

El curso «Competencias profesionales de los biólogos», del que este libro es heredero, fue pionero en la Universitat de València, y otras titulaciones, como Psicología o Económicas, siguieron nuestros pasos para orientar al alumnado, para lo que se contó pronto con el soporte del Rectorado a través del Vicerrectorado correspondiente. En la actualidad, la UV pone muchas herramientas a disposición del alumnado egresado o de los últimos cursos, existe UV-Empleo, que es un servicio cuyo objetivo es ayudar en la inserción laboral a todos los estudiantes y titulados de la UV y mejorar sus posibilidades profesionales.

Para ello, UV-empleo dispone de una serie de servicios que os ayudarán a conseguirlo: orientación y asesoramiento; empleo y emprendimiento; formación y estudios; y análisis.

Os recomiendo que entréis en su página web y veáis todas las posibilidades: <https://www.uv.es/uvempleo/es/orientacion-profesional/area-orientacion/area-orientacion.html>.

Capítulo 2

Sanidad

El Consejo General de Colegios Oficiales de Biólogos editó un folleto sobre actividades profesionales en el que recogía en qué ámbitos de la sanidad trabajan los biólogos/as. Empezaré contando el camino seguido en el COB respecto a las especialidades sanitarias y la formación como BIR (biólogo interno residente), para tratar algunos de los otros temas posteriormente.

2.1 Especialidades sanitarias: BIR

En mi opinión, en este ámbito de la sanidad es en el que hemos avanzado más a lo largo de estos años. El COB ha peleado mucho para conseguir que se reconocieran las especialidades sanitarias para los biólogos y bioquímicos, y seguimos en ello. La Ley 14/86 General de Sanidad habla de los profesionales sanitarios, pero no especifica ni concreta qué titulados deben ser considerados como tales, aunque en el texto aparecen referencias a médicos, farmacéuticos y veterinarios. Y aunque desde 1985 el Ministerio de Sanidad ha convocado plazas de BIR, primero en dos especialidades, bioquímica clínica e inmunología, y a partir de 1991 en dos más, con microbiología y parasitología y análisis clínicos, hasta 2002 no se reconoció a estos especialistas. Fue en el Real Decreto 1163/2002, de 8 de noviembre, por el que se creaban y regulaban las especialidades sanitarias para químicos, biólogos y bioquímicos, reconociendo los títulos de biólogo especialista y bioquímico especialista en las cuatro especialidades sanitarias mencionadas.

Ha sido un largo camino hasta conseguir ese reconocimiento. Durante años muchos compañeros y compañeras han ejercido de analistas clínicos sin tener reconocida la especialidad, pero con los conocimientos necesarios para ello, puesto que en nuestra formación básica como biólogos o bioquímicos estudiamos química, bioquímica, microbiología, fisiología, inmunología, bioestadística, genética…, y por tanto podemos abordar este trabajo, como así lo fueron haciendo los y las pioneras a lo largo de los años ochenta. Y en 1989 constituyeron la ASEBAC (Asociación Española de Biólogos Analistas Clínicos), que fue fundada por Agustín Peraita Urian, que también fue durante muchos años, primero, vicedecano del COB y, luego, coordinador de Sanidad. Realmente, fue la voz e imagen de los biólogos al frente del Ministerio de Sanidad y al que debemos mucho de lo conseguido.

Es decir, aunque el Ministerio de Sanidad no reguló la especialidad para los biólogos y bioquímicos, podíamos ejercer de analistas clínicos, con el respaldo del COB, dado el vacío legal, ya que no existían especialidades para los biólogos. Mientras, desde el COB y ASEBAC, se hizo todo lo posible para que se regularan las especialidades sanitarias para nosotros. La introducción al Real Decreto de 2002 resume este camino mejor de lo que yo pudiera hacerlo.

> Preámbulo del Real Decreto 1163/2002, de 8 de noviembre, por el que se crean y regulan las especialidades sanitarias para químicos, biólogos y bioquímicos.

> El carácter multiprofesional de determinadas especialidades, junto con nuevas situaciones derivadas de la evolución del sistema sanitario y su adecuación a las pautas establecidas por la Ley 14/1986, de 25 de abril, General de Sanidad, han determinado que, a partir de la década de los ochenta, se fuera posibilitando que en las convocatorias anuales para la selección de especialistas en formación participaran licenciados en Química, Biología y Bioquímica, a los que se les ha ofrecido la posibilidad de adquirir una formación especializada, siguiendo los mismos programas formativos que los establecidos para médicos y farmacéuticos, aun cuando ésta no condujera a la obtención de un título oficial de especialista.

> La experiencia adquirida desde que se inició dicho proceso ha sido positiva y aconseja la creación de los títulos oficiales de estas especialidades sanitarias para los licenciados universitarios anteriormente citados, sin que este Real Decreto, cuya finalidad es la de crear nuevos títulos de especialista, implique incursión alguna en las competencias que corresponden a las Comunidades Autónomas en orden a determinar la composición de las plantillas de las instituciones sanitarias que integran sus respectivos Servicios de Salud.

> Esta favorable disposición hacia la creación de las especialidades sanitarias para químicos, biólogos y bioquímicos, que permitirá al mismo tiempo regularizar la situación de quienes han ejercido profesionalmente en el ámbito de estas especialidades sanitarias sin un título de especialista, ha trascendido de los ámbitos sanitario y docente, suscitando interés tanto en las Cortes Generales como en los correspondientes Colegios Profesionales. A este respecto, el Senado, en moción aprobada el 24 de octubre de 2000, y el Congreso de los Diputados, en proposición no de Ley aprobada el 28 de noviembre de 2000, han instado al

Gobierno para crear y regular las especialidades sanitarias de químicos, biólogos y bioquímicos, a través de una norma con rango de Real Decreto.

La disposición adicional decimosexta de la Ley Orgánica 6/2001, de 21 de diciembre, de Universidades y el artículo 18.1 del Real Decreto 778/1998, de 30 de abril, por el que se regula el tercer ciclo de estudios universitarios, la obtención y expedición del título de Doctor y otros estudios de posgrado, regulan los títulos de especialización para graduados universitarios. Dichos preceptos, en relación con lo previsto en los artículos 40.10 y 104 de la Ley 14/1986, de 25 de abril, General de Sanidad, constituyen la base legal para la creación de los títulos de especialista regulados por el presente Real Decreto, los cuales se obtendrán por el procedimiento de residencia, lo que implica, entre otras cosas, la acreditación de plazas docentes mediante criterios objetivos, la evaluación de conocimientos y la existencia de un vínculo retribuido durante el período en el que se imparta el programa.

En la elaboración del presente Real Decreto han sido oídas las corporaciones profesionales correspondientes, los Consejos Nacionales de Especialidades Médicas y Especializaciones Farmacéuticas, el Consejo de Universidades y el Consejo Interterritorial del Sistema Nacional de Salud.

Este RD 1163/2002 crea las comisiones nacionales de la especialidad de:

- Análisis clínicos para químicos, biólogos y bioquímicos.
- Bioquímica clínica para químicos, biólogos y bioquímicos.
- Microbiología y parasitología para químicos, biólogos y bioquímicos.
- Radiofarmacia para químicos, biólogos y bioquímicos.
- Inmunología para biólogos y bioquímicos.

Y así mismo, en su disposición transitoria tercera, plantea las vías transitorias de acceso al título de especialista para quienes estén colegiados en su ejercicio profesional. Y se indica que:

> Podrán solicitar la concesión de uno de los títulos de especialista que se relacionan en el anexo de este Real Decreto los licenciados en Química, Biología y Bioquímica, o poseedores de títulos homologados o declarados equivalentes a aquéllos que, mediante certificación expedida por el Colegio Oficial que corresponda, acrediten haber ejercido las actividades propias de la especialidad que se solicite, en los términos previstos en el apartado siguiente. A estos efectos, los Colegios Profesionales recabarán de sus colegiados cuantos documentos y medios de prueba resulten necesarios, en orden a determinar que el ejercicio

profesional exigido se corresponde con las actividades propias de la especialidad de que se trate.

Esta disposición supuso para el COB (y en nuestro caso para el COBCV, que en 2002 ya se había constituido a partir de la delegación del COB en la CV) un trabajo enorme de certificación de actividad profesional de los biólogos/as que trabajaban como analistas clínicos, microbiólogos clínicos, etc.; pudieron obtener la especialidad al acreditar que habían trabajado durante un período de más de seis años (el período de tiempo de ejercicio profesional que se cita en la disposición transitoria debía ser, en todo caso, superior al 150 % del fijado en el programa formativo de la correspondiente especialidad, dentro de los ocho años anteriores a la entrada en vigor del real decreto), durante los cuales habían estado colegiados en el COB. Fue el mismo camino que habían seguido anteriormente los farmacéuticos.

Las solicitudes fueron examinadas por la correspondiente comisión nacional, que formulaba la propuesta de concesión del título de especialista oportuno. Esta fue una victoria muy importante para la profesión. Pero el proceso sigue porque aún existen especialidades no reconocidas por el Ministerio para los profesionales de la biología; quedaron fuera de este proceso centenares de compañeros y compañeras que trabajaban ya en esos años en el campo de la reproducción asistida humana (RAH).

Desde el Colegio se les recomendó a estos profesionales que, a pesar de no estar reconocida la especialidad y no poder ser considerada en ningún caso como análisis clínicos, presentaran la documentación a la comisión nacional correspondiente para que el Ministerio de Sanidad fuera consciente de la gran cantidad de profesionales que estaban ejerciendo como especialistas en RAH y se buscara una solución (la creación de la especialidad de reproducción asistida humana), lo que aún no se ha conseguido y que seguimos planteando al Ministerio, al igual que ocurre con la especialidad de genética o consejo genético. Como son especialidades que no se han regulado para otros profesionales sanitarios (médicos, por ejemplo), está siendo muy complicado conseguirlo.

La legislación ha ido avanzando en estos años, y así, en 2003, apareció la Ley 44/2003, de 21 de noviembre, de Ordenación de las profesiones sanitarias. Su última modificación es del 28 de marzo de 2014, y de nuevo me parece interesante recoger el preámbulo de dicha ley, porque puede verse cómo va cambiando la perspectiva de lo que son profesionales sanitarios:

El concepto de profesión es un concepto elusivo que ha sido desarrollado desde la sociología en función de una serie de atributos como formación superior, autonomía y capacidad auto-organizativa, código deontológico y espíritu de servicio, que se dan en mayor o menor medida en los diferentes grupos ocupacionales que se reconocen como profesiones. A pesar de dichas ambigüedades y considerando que en nuestra organización política solo se reconoce como profesión existente aquella que está normada desde el Estado, los criterios a utilizar para determinar cuáles son las profesiones sanitarias, se deben basar en la normativa preexistente. Esta normativa corresponde a dos ámbitos: el educativo y el que regula las corporaciones colegiales. Por ello en esta ley se reconocen como profesiones sanitarias aquellas que la normativa universitaria reconoce como titulaciones del ámbito de la salud, y que en la actualidad gozan de una organización colegial reconocida por los poderes públicos. Por otra parte, existe la necesidad de resolver, con pactos interprofesionales previos a cualquier normativa reguladora, la cuestión de los ámbitos competenciales de las profesiones sanitarias manteniendo la voluntad de reconocer simultáneamente los crecientes espacios competenciales compartidos interprofesionalmente y los muy relevantes espacios específicos de cada profesión. Por ello en esta ley no se ha pretendido determinar las competencias de unas y otras profesiones de una forma cerrada y concreta, sino que establece las bases para que se produzcan estos pactos entre profesiones, y que las praxis cotidianas de los profesionales en organizaciones crecientemente multidisciplinares evolucionen de forma no conflictiva, sino cooperativa y transparente.

Esta Ley 44/2003 habla, en su artículo 6, de los licenciados sanitarios, y en el apartado 5 menciona que son también profesionales sanitarios de nivel licenciado quienes se encuentren en posesión de un título oficial de especialista en ciencias de la salud, establecido conforme a lo previsto en el artículo 19.1 de esta ley, para psicólogos, químicos, biólogos y bioquímicos u otros licenciados universitarios no incluidos en el número anterior.

Y en su artículo 19 se describe la estructura general de las especialidades:

1. Podrán establecerse especialidades en Ciencias de la Salud para los profesionales expresamente citados en los artículos 6 y 7 de esta ley. *También podrán establecerse espacialidades en Ciencias de la Salud para otros titulados universitarios no citados en los preceptos mencionados, cuando su formación de pregrado se adecue al campo profesional de la correspondiente especialidad.*

Posteriormente, se publicó el Real Decreto 185/2008, de 8 de febrero, por el que se determinan y clasifican las especialidades en ciencias de la salud y se desarrollan determinados aspectos del sistema de formación sanitaria especializada. Para su elaboración fueron consultadas las organizaciones colegiales, entre ellas la de los biólogos. El artículo 2 define que son especialidades en ciencias de la salud por el sistema de residencia las que figuran en el anexo 1, clasificadas, según la titulación requerida para acceder a ellas, en especialidades médicas, farmacéuticas, de psicología, de enfermería y multidisciplinares.

En ese anexo 1 quedan definidas las especialidades multidisciplinares, para cuyo acceso se exige estar en posesión de los títulos universitarios oficiales de grado, o en su caso de licenciado, en cada uno de los ámbitos que a continuación se especifican:

- Análisis clínicos: biología, bioquímica, farmacia, medicina o química.
- Bioquímica clínica: biología, bioquímica, farmacia, medicina o química.
- Inmunología: biología, bioquímica, farmacia, medicina.
- Microbiología y parasitología: biología, bioquímica, farmacia, medicina o química.
- Radiofarmacia: biología, bioquímica, farmacia o química.

Así pues, se ha recorrido un largo camino hasta nuestro reconocimiento, por fin, como especialistas sanitarios en diversas especialidades, pero insisto en que sigue siendo una batalla a medio librar, porque, como ya he dicho, seguimos sin obtener el reconocimiento en reproducción humana asistida y en consejo genético, y también porque el número de plazas que se crean cada año sigue siendo muy pequeño para nosotros.

A modo de ejemplo, puede verse la Orden SCB/925/2019, de 30 de agosto, por la que se aprueba la oferta de plazas y la convocatoria de pruebas selectivas 2019, para el acceso en el año 2020, a plazas de formación sanitaria especializada para las titulaciones universitarias de grado/licenciatura/diplomatura en Medicina, Farmacia, Enfermería, Psicología, Química, Biología y Física.

En el ámbito de la biología se convocan 51 plazas de las especialidades citadas en el apartado 5 del anexo I del Real Decreto 183/2008, de 8 de febrero, en las que la formación se impartirá por el sistema de residencia.

Para el acceso a las especialidades multidisciplinares se exige estar en posesión del título universitario oficial de grado/licenciatura, en cada uno de los ámbitos que a continuación se especifican:

- Análisis clínicos: biología, farmacia, medicina o química.
- Bioquímica clínica: biología, farmacia, medicina o química.
- Inmunología: biología, farmacia o medicina.
- Microbiología y parasitología: biología, farmacia, medicina o química.
- Radiofarmacia: biología, farmacia o química.

Las personas con grado/licenciatura en Bioquímica realizarán la prueba selectiva de química o biología según la opción elegida al cumplimentar su solicitud.

El reparto entre los distintos profesionales que pueden acceder a las plazas puede verse en la tabla 2.1.

TABLA 2.1
Asignación de plazas de cada especialidad a los distintos profesionales sanitarios en el año 2019

Especialidad	Biología	Farmacia	Medicina	Química	Total
Análisis clínicos	15	47	19	9	88
Bioquímica clínica	12	14	6	10	43
Inmunología	14	4	10	0	29
Microbiología y parasitología	10	41	30	1	80
Radiofarmacia	0	5	0	2	7
TOTAL	51	111	65	22	247

El número de plazas ha estado alrededor de cincuenta durante todos estos años.

¿De qué depende que se asignen estos números? Las plazas se ofertan al Ministerio de Sanidad desde los distintos centros hospitalarios que están dispuestos a recibir personal en formación como internos y residentes (MIR, FIR, BIR...). Es evidente que el peso de los médicos en diferentes puestos directivos tiene una muy larga tradición y los biólogos/as seguimos siendo de los últimos en llegar a disputar plazas de especialidad, y aunque con los años esto ha ido cambiando, no siempre somos bien vistos, ya que competimos por las mismas plazas.

Yo siempre he animado a los biólogos y bioquímicos a presentarse al examen de BIR. La relación entre plazas ofertadas y profesionales que se presentan no es tan grande ni tan distinta de la que se da, por ejemplo, entre los médicos. En el año 2018 se convocaron 6.797 plazas de MIR en todas sus especialidades, que son, evidentemente, muchas más que las nuestras, aunque se presentan también muchos miles de personas, y los admitidos en el examen fueron 15.700. En el caso del BIR, en 2018 se convocaron 49 plazas y se admitió a examen a 799 aspirantes, es decir, que se compite con unos 16 por una plaza (sí, ya lo sé, no llega a los tres por plaza de los médicos, pero es lo que hay).

El tema de las especialidades sanitarias está de nuevo en revisión y el COBCV, desde el Consejo General de Colegios de Biólogos, seguirá lidiando las batallas necesarias para nuestra profesión.

Las victorias en cada campo han hecho que muchos biólogos y biólogas ejerzan desde hace años en las distintas especialidades sanitarias, veamos dos ejemplos.

2.2 MICROBIOLOGÍA Y PARASITOLOGÍA

Uno de los primeros en ser reconocido como especialista en microbiología y parasitología fue Juan Alberola, que ha sido miembro de la Junta del COBCV y ha participado activamente en todo lo relacionado con los biólogos sanitarios.

Laboratorio de microbiología clínica, por Juan Alberola

Reflexionando para escribir estas líneas, acerca de cuál es mi actividad actual y cuál ha sido mi trayectoria hasta llegar a este punto, llego a dos conclusiones: el camino ha sido largo, largo, largo, pero no me arrepiento de cada día que ha transcurrido. La biología y la microbiología han sido compañeras fieles de camino que me han ayudado a soportar los malos momentos.

Mi actividad como biólogo la recuerdo siempre ligada al Laboratorio de Microbiología. Tras licenciarme, comencé a trabajar en el Laboratorio de Microbiología del Hospital Vázquez Bernabéu de Valencia, allí tuve compañeros con los que compartí microbiología en estado puro y buenos momentos. Al mismo tiempo, comencé a realizar diferentes cursos como alumno en el COB, así como a iniciar mis estudios posdoctorales de Microbiología y Parasitología en la Facultad de Medicina de la Universidad de Valencia.

Esa etapa la recuerdo con agradecimiento a todos aquellos que me transmitieron su devoción por la microbiología clínica y la docencia, pues en muchos casos acudí a sus cursos sin estar matriculado, como oyente, y nadie me puso nunca ningún obstáculo para recibir una clase.

Poco tiempo después pasé a colaborar con los cursos impartidos por el COB, y coincidí con un grupo de biólogos que tenían un interés común por el Laboratorio, que con el tiempo serían decisivos para el futuro de las especialidades de los licenciados en Biología y para el avance de la profesión, y con muchos de los cuales continúo manteniendo una relación de la que me siento orgulloso. Entre todos, y con el apoyo de profesores de la Universidad de Valencia, logramos que el Curso de Análisis Clínicos del COB pudiera ser considerado curso de la citada Universidad como curso de postgrado y posteriormente máster.

Pasado un tiempo en el hospital, una multinacional francesa dedicada a la microbiología me hizo una oferta para incorporarme a la misma como Especialista de Aplicaciones de Microbiología. Mi trabajo consistiría en la formación del personal de los hospitales donde la empresa instalaba sus equipos (identificación de microorganismos, hemocultivos, serología), un trabajo ilusionante, pero que requería una movilidad constante, incompatible con mis actividades con el COB. Como ejemplo, recuerdo ir a Almería para una formación *in situ* y el mismo día venir vía autovía a Valencia para participar en un curso del COB por la tarde.

Un anuncio cambió mi situación: leí que un proyecto de la Universidad de Valencia, en el Departamento de Microbiología donde había iniciado mi formación posdoctoral, necesitaba un becario... y acudí a la entrevista sin dudarlo. Allí, el que posteriormente sería mi director de tesis, en algunos aspectos mi mentor y sin duda mi amigo, me preguntó si era consciente de que iba a cambiar un puesto bien remunerado por una beca posdoctoral de 3 años, no tuve dudas y acepté.

Al mismo tiempo me matriculé de los estudios de Doctorado en Microbiología de la Universidad de Valencia. El proyecto era el estudio de los anticuerpos que se generan en la infección por el citomegalovirus humano en los pacientes infectados por el VIH, y durante cuatro años realizamos diferentes publicaciones sobre el tema, completamos los ensayos y redacté la tesis doctoral que defendí en Valencia.

Al finalizar esa beca obtuve una beca posdoctoral de la Sociedad Española de Microbiología Clínica y Enfermedades Infecciosas asociada a un proyecto de investigación, tras lo cual comencé a trabajar en el Servicio de Microbiología del Hospital Dr. Peset de Valencia gracias a una beca de la multinacional Roche para la realización de la Carga Viral del VIH.

Poco tiempo después el Departamento de Microbiología de la Facultad de Medicina convocó una plaza de Profesor Asociado, a la cual concursé iniciando así mi carrera como profesor universitario.

Compatibilizando la docencia con la actividad asistencial en el hospital, recibí la llamada del Ministerio de Sanidad a propuesta del Colegio Oficial de Biólogos para formar parte de la Comisión Nacional Constituyente de la Especialidad de Microbiología y Parasitología para Biólogos tras la publicación Real Decreto 1163/2002, de 8 de noviembre, por el que se crean y regulan las especialidades sanitarias para químicos, biólogos y bioquímicos.

Este RD ponía fin a una época de indefensión de muchos profesionales que tenían su actividad en los análisis clínicos y les permitía consolidar su posición, marcó un antes y un después en la profesión; sin embargo, fueron muchos los profesionales, dedicados sobre todo a la reproducción asistida y la genética que, por la actitud del Ministerio, contrario a su regulación en aquel momento, quedaron fuera de la regulación. Esa debería ser una de las prioridades actuales del Consejo General de Colegios Oficiales de Biólogos (CGCOB), todos ellos se lo merecen y lo necesitan.

Con posterioridad he formado parte de la Comisión Nacional de la Especialidad de Microbiología y Parasitología a propuesta del CGCOB.

Transcurrido el tiempo necesario promocioné a profesor ayudante doctor y con posterioridad a profesor contratado doctor, consolidándome en la Facultad de Medicina de la Universidad de Valencia. Durante ese periodo de tiempo comencé a realizar guardias de microbiología en el hospital.

Al convertirme en profesor contratado doctor, solicité la vinculación de la plaza docente con la plaza asistencial en el hospital, siendo esta aprobada por la Conselleria de Sanitat, y en la actualidad soy profesor vinculado con plaza asistencial; es decir, una parte de nuestra actividad es la docencia y la otra parte es la actividad asistencial en el hospital.

Este es un resumen de mi trayectoria, larga y densa y de la cual solo haré dos matizaciones: he borrado, o lo he intentado, todo aquello que suponía discriminación, minusvaloración, trato desigual... que lo ha habido y por otra parte nunca he tenido miedo de optar a aquello que he considerado de interés.

Hoy me considero un privilegiado porque trabajo en aquello que me gusta, aunando mis dos devociones: la docencia y la microbiología.

Para resumir mi actividad actual hablaré primero de la parte docente, tengo actividad en diferentes Grados y Másteres de la Universidad de Valencia, así como la formación del alumnado que con frecuencia nos visita en el hospital (prácticas en empresas, ciclos formativos, Erasmus...) y de los residentes en formación (MIR, BIR, FIR, otras especialidades) que incluyen su rotación por nuestro servicio como parte de su etapa formativa.

Además, todos los años me suelen invitar a «contar mis batallas» para las próximas generaciones de biólogos.

La actividad asistencial es la propia de un servicio de microbiología de un hospital de 500 camas aproximadamente, tenemos atención continuada de 24 horas los 365 días del año, lo cual nos obliga a realizar guardias presenciales, durante las que se cubren casi todos los aspectos de la microbiología clínica: bacteriología, serología, hemocultivos, etc.

Soy responsable de la sección de Biología Molecular, en los últimos tiempos en constante desarrollo, evolución y crecimiento. Realizamos mediante técnicas moleculares la detección de diferentes microorganismos patógenos, así como, la de genes de resistencia o la cuantificación de la carga viral en aquellos casos en que sea clínicamente pertinente.

Sin embargo, este año ha sido diferente, ya que en los primeros días de marzo de 2020, comenzamos a recibir las primeras muestras de pacientes con sospecha de infección por SARS-COV-2... el COVID 19 ha cambiado nuestras vidas y por su puesto nuestra forma de trabajar, pero contar esto sería suficiente para escribir un libro o dos.

2.3 ANÁLISIS CLÍNICOS

Tal como indica Alberola, el Colegio Oficial de Biólogos de la Comunitat Valenciana apostó desde muy pronto por el tema de los análisis clínicos y durante muchos años nuestro colegio fue el único en el que se impartió en curso de posgrado y posteriormente un Máster de Análisis Clínicos, reconocido por la Universitat de València y al que acudían biólogos y biólogas de toda España. El curso se impartió hasta el momento en que se reconoció la especialidad por parte del Ministerio de Sanidad y la única vía para ello fue cursar el BIR.

Una de las biólogas que hizo este curso y que fue de las primeras en ejercer en análisis clínicos en la Comunitat Valenciana es Purificación Argüeso. El Ministerio de Sanidad le concedió la especialidad en análisis clínicos en 2002, puesto que ya llevaba bastante más de los seis años requeridos trabajando en ello, y así se lo pudo certificar el COBCV, como a tantos otros.

Análisis clínicos, Purificación Argüeso

Voy a intentar relatar cómo se desarrolló mi vida profesional desde que decidí estudiar la carrera de Biológicas.

Yo siempre he sido una persona de ciencias y mi futuro estaba diseñado para estudiar Ciencias Económicas, o incluso me llamaba mucho la atención la carrera de Matemáticas. Tenía el porvenir prácticamente asegurado en aquella época ya que mi padre trabajaba en banca y con un buen expediente seguro que el trabajo no me habría faltado, y sobre todo bien remunerado. Pero esta tranquilidad que mis padres tenían se vio truncada cuando el profesor de Biología de COU despertó en mí algo que estaba escondido y decidió salir a la luz. Mi decisión de estudiar Biología sentó en mi casa como un jarro de agua fría. La preocupación de mis padres por aquella decisión mía hizo que intentaran hacerme cambiar de idea, pero no pudieron. Al final vieron que necesitaba estudiar una carrera que me hiciera feliz independientemente de que el futuro profesional fuera incierto y bastante complicado.

Me licencié en Ciencias Biológicas, con la especialidad de Bioquímica por la Universidad de Valencia en 1987.

Como por entonces no se hacían prácticas en empresas, no tenía mucha idea de cómo buscar trabajo ni dónde. Lo primero que hice fue colegiarme en el Colegio Oficial de Biólogos y a continuación empecé a hacer cursos que me interesaban:

- Curso para Técnicos de estaciones depuradoras de aguas residuales (EDAR). Universidad Politécnica de Valencia. 200 horas. Diciembre de 1987.

- Curso de diseño asistido por ordenador. Celebrado en FEVEC. Valencia. 120 horas. Febrero de 1988.
- Curso de Nutrición y Alimentación, puntuable baremo Seguridad Social y Ministerio de Educación. TYRIUS. 40 horas. Marzo 1988.
- Curso de microorganismos en ambientes extremos: «Los límites de la vida». Universidad Internacional Menéndez y Pelayo (UIMP). 25 horas. Julio 1988.

Por fin, en julio de 1989 conseguí mi primer trabajo en una empresa de alimentación, era una empresa de productos cárnicos elaborados. Mi trabajo consistía en:

- Control de calidad (control de las materias primas, control del proceso, inspección del producto terminado, gráficos de control). Elaboración de informes semanales y mensuales notificando a la gerencia los defectos de calidad y sus causas, y los problemas solucionados gracias a este control:
- Realización periódica de escandallos de todos los productos cárnicos.
- Control de mermas en los productos curados.
- Control químico y microbiológico de todos los productos cárnicos elaborados: puesta al día de todas las formulaciones de productos elaborados a nivel de legislación de aditivos y etiquetado según norma BOE (Análisis químicos y microbiológicos).
- Confección del Manual de fabricación de todos los productos elaborados, tanto formulaciones como los procesos de elaboración siguiendo las normas de calidad.
- Análisis microbiológicos de ambiente para evitar contaminaciones en las salas de elaboración de productos.

Como estaba apuntada en la lista de peritos oficiales del Colegio Oficial de Biólogos, me nombraron perito bromatólogo a petición del juzgado número cinco de primera instancia de Valencia para realizar un informe pericial en un contencioso entre dos empresas de alimentación (1990). El trabajo desarrollado abarcaba, desde la supervisión en la obtención de la materia prima en ambas empresas, seguimiento del proceso de elaboración del producto, y realización de análisis sensoriales y químicos del producto terminado para encontrar diferencias en parámetros de un supuesto plagio.

Como responsable del laboratorio de la empresa también hice un trabajo de colaboración con técnicos del AINIA sobre el funcionamiento de los secaderos de los productos curados. Solo llevaba un año en este trabajo cuando en julio de 1990 por sorpresa cerró la empresa, fue breve pero intenso y al igual que los demás trabajadores me quedé sin trabajo.

Decidí seguir con mi formación haciendo el CAP (Curso de Aptitud Pedagógica) para poder dar clases. Me presenté a las entrevistas que iban surgiendo en diferentes centros educativos, pero por lo visto no era mi destino porque siempre me quedaba finalista pero no me seleccionaban para el puesto en cuestión.

Un día llegó por correo a mi casa un folleto del Colegio Oficial de Biólogos que anunciaba el comienzo de un Curso de Especialización de Análisis Clínicos. Aquella información fue desconcertante porque, por entonces, nadie me había ni siquiera insinuado que un biólogo pudiera tener acceso a esa formación. De pronto se despertó mi verdadera vocación. En abril de 1991 terminé el curso de Análisis Clínicos, y luego también hice, por medio del COBCV, los cursos de electroforesis y de inmunofluorescencia aplicada al laboratorio de análisis clínicos.

El Colegio me propuso participar como profesora de prácticas en los cursos siguientes de Análisis Clínicos, lo cual acepté con gran ilusión. Las clases prácticas impartidas en los Cursos de Análisis Clínicos fueron en total de 310 horas entre 1991 y 1992.

Una vez ya con la formación adecuada y sabiendo que estaba capacitada legalmente para ejercer la profesión, me decidí a crear mi propia empresa. En agosto de 1992, empecé mi actividad como titular de un laboratorio de análisis clínicos de mi propiedad. La aventura comenzaba y el aprendizaje era continuo. Los principios fueron duros porque además de ser un buen profesional había que rentabilizar el trabajo, a la vez que tener una buena atención con los pacientes. En el sector público, el analista solo se preocupa del aspecto científico, pero en el sector privado, debe ser un buen profesional y, además, un buen empresario. Todo era nuevo para mí y tuve que enfrentarme a situaciones delicadas. La evolución respecto de la automatización, la producción industrial de reactivos, la informática y los inmunoanálisis han transformado la organización y funcionamiento de los laboratorios clínicos.

La dedicación a los análisis clínicos es una profesión y también un negocio. Al igual que la creación de empresas aporta muchas ventajas, también comporta unas «dificultades» que todo emprendedor debe estar preparado para asumir. Estas «dificultades» se pueden resumir en tres:

- El riesgo económico y personal.
- El esfuerzo y la dedicación que requiere, sobre todo en las primeras fases.
- La responsabilidad ante todos los problemas y situaciones que vayan surgiendo.

Enseguida comprendí que había una aplicación inmediata de los conocimientos adquiridos en los estudios: encontré una doble satisfacción, primero ayudando a los pacientes averiguando la causa de su malestar o aportándole la información que requería, y por otro lado se ayuda al facultativo que prescribe la analítica para encontrar un diagnóstico.

En el laboratorio clínico se pueden analizar un gran abanico de muestras, siempre con el objetivo de encontrar un buen diagnóstico y el mejor tratamiento para el paciente. No todos los laboratorios pueden realizar cualquier clase de estudio, pues hay exámenes complejos que requieren equipos muy costosos. En este sentido, se distinguen dos tipos de laboratorios:

- *Laboratorios de rutina*: Estos laboratorios realizan exámenes comunes o de rutina tales como hemograma, examen general de orina, pruebas de glucosa, colesterol, pruebas de embarazo, etc.
- *Laboratorios de especialidad*: son aquellos en los que se realizan estudios más complejos o sofisticados como pueden ser las pruebas genéticas o de niveles hormonales.

Pasaron pocos meses de la inauguración del laboratorio cuando recibí una carta del colegio oficial de farmacéuticos donde se me indicaba que «habían constatado que no estaba colegiada con ellos y sin embargo estaba ejerciendo la profesión del farmacéutico».

Por entonces los biólogos, nuevos en esta profesión, fuimos denunciados sistemáticamente por intrusismo profesional por parte de médicos y farmacéuticos, que creían tener en propiedad la titularidad de esta profesión.

Otros compañeros biólogos, al igual que yo, pusimos en conocimiento del gabinete jurídico del COBCV todas las denuncias que nos iban llegando por este motivo u otros similares, y con gran satisfacción para nuestro gremio todo se fue solucionando a nuestro favor.

Mi laboratorio cumple el Decreto 108/2000, de 18 de julio, del Gobierno Valenciano, por el que se regula la autorización de los laboratorios clínicos y tiene concedida la autorización administrativa y n.º de registro oficial de centros, servicios y establecimientos.

El trabajo en el laboratorio clínico se estructura en torno a tres grandes áreas: Toma de muestras, Análisis de las muestras y Entrega de resultados.

El laboratorio dispone de un manual de calidad donde se desarrollan los procedimientos generales de organización: Objetivo y alcance; Personal, instalaciones y equipamiento; Fase preanalítica; Fase analítica y Fase post-analítica.

Hoy en día sigo disfrutando con mi trabajo en el laboratorio; me enfrento a situaciones que hacen que cada día sea diferente, y aunque hay momentos difíciles, al igual que en otros sectores, con trabajo, dedicación y entusiasmo sigo acudiendo todos los días a mi trabajo con ilusión.

Además de las especialidades de análisis clínicos y microbiología y parasitología de las que hemos hablado, ya he mencionado que también se puede escoger como especialidades dentro del BIR las de bioquímica clínica y también inmunología, ámbitos en los que cada año se forman unas decenas de especialistas. Para la de radiofarmacia, que fue asignada también como posible especialidad para los biólogos/as por parte del Ministerio de Sanidad, no sé si algún año se han ofertado plazas.

2.4 REPRODUCCIÓN ASISTIDA HUMANA

La reproducción asistida humana es, como ya se ha dicho, otra de las áreas en las que trabajan muchos y muchas biólogas y por la que se sigue, desde la organización colegial, junto a este colectivo, trabajando para conseguir el reconocimiento que se merece. Una de las pioneras en este sector es Inmaculada Molina.

Vida y andanzas de una bióloga de reproducción asistida (RA), Inmaculada Molina

Queridos biólogos/as, biotecnólogos/as o biomédicos/as; que estáis interesados en las ciencias de la vida y de la salud, hacéis bien, son impresionantes y nunca os defraudarán. Por eso, me gustaría compartir con vosotros mis andanzas antes, durante y después de mi Licenciatura en Ciencias Biológicas. Primero fue una licenciatura de 5 años y en los 2 últimos hacíamos la especialidad que cada uno elegía, dentro de la disponibilidad de cada facultad.

En el momento actual, me dedico a la Reproducción Humana Asistida, en el Hospital La Fe de Valencia, desde el año 1986 en el que fui contratada para poner en marcha dicha unidad. Tengo el placer de trabajar en un campo muy actual y pionero, en el que constantemente estamos estudiando y aprendiendo. Es tan reciente la historia de las técnicas de reproducción asistida (TRA), que hace tan solo cuarenta años nació en Inglaterra Louise Brown, la primera niña en el mundo concebida por fecundación *in vitro* (FIV).

Mi trayectoria profesional no la elegí yo, estoy convencida de que la Reproducción Asistida me eligió a mí. Decidí estudiar Medicina porque me apasionaban las ciencias de la vida. Durante los tres primeros años disfruté estudiando asignaturas como biología, bioquímica, biofísica, genética, microbiología, bioestadística. Sin embargo, cuando empecé el cuarto año las asignaturas cambiaron totalmente, teníamos que estudiar médica, quirúrgica, anestesia y reanimación y patología general, entre muchas otras. Empecé haciendo prácticas en cuarto de Medicina y aunque las prácticas de obstetricia y ginecología fueron muy interesantes tuve que realizar otras prácticas en la unidad de cuidados intensivos donde muchos pacientes fallecían cada día y eso no era lo que yo quería. Mi gran pasión era estudiar la vida y no estar tan cerca de la enfermedad, el sufrimiento y la muerte. Tuve que hacer una reflexión profunda sobre cuál era mi verdadera vocación, y me di cuenta de que realmente me apasionaban las ciencias de la vida y por esta razón me matriculé en la Facultad de Ciencias Biológicas del campus de Burjassot.

Me recibieron bastante mal, porque en aquellos momentos, los estudiantes que querían hacer Medicina y no les alcanzaba la nota, se matriculaban en primer curso de Biológicas y luego se pasaban a Medicina, lo que colapsaba el primer curso en la Facultad de Ciencias Biológicas. Nadie entendía que yo quisiera hacer Biológicas después de cuatro años de estudiar Medicina, aquello era como tener «al enemigo en tu propia casa». Me costó ser aceptada como alumna de Biológicas; pero al final lo conseguí y empecé la especialidad de Bioquímica disfrutando ya de mi condición de futura bióloga. Dentro de la especialidad de Bioquímica elegí como optativa la asignatura de Biología de la reproducción, que impartía el profesor don Antonio Núñez Cachaza, catedrático de Fisiología Animal y desde el primer día me enamoré de esa asignatura.

Conocí por casualidad el campus de la Universidad Politécnica de Valencia (UPV), así como el Departamento de Reproducción Animal y Genética de la Escuela Técnica Superior de Ingenieros Agrónomos (ETSIA), y decidí ponerme en contacto con dicho departamento. Las buenas notas que había sacado durante la Licenciatura en Ciencias Biológicas me permitieron conseguir en 1982 una beca del Ministerio de Educación para Formación del Personal Investigador en dicho departamento. En enero de 1984 me presenté al examen de licenciatura y en el mes de junio de ese mismo año, nacía mi primera hija, Ana. Cuando me incorporé tras la baja maternal el jefe de mi departamento en la UPV me envió a Barcelona para hacer una estancia de tres meses y aprender las técnicas de FIV en humana, en el instituto Dexeus donde había nacido la primera niña por fecundación *in vitro* en España. Le llamaron Victoria Ana, Victoria porque supuso una gran victoria en el campo de la reproducción asistida (RA) y Ana por el nombre de la bióloga que consiguió ese primer nacimiento y que se llama Ana Veiga. Durante el tiempo que estuve en Barcelona tuve el privilegio de tener en mis brazos a Victoria Ana, que sorprendentemente, tenía exactamente la edad de mi hija (cinco meses). Cuando regresé a mi departamento, empecé mi tesis doctoral sobre los «Efectos genéticos y maternos sobre la tasa de ovulación y la viabilidad embrionaria y fetal en el conejo doméstico mediante la utilizando de técnicas de FIV». Además, mi trabajo como becaria incluía tanto la docencia a los alumnos de la ETSIA como la investigación en materia de reproducción animal. Ese era mi sueño convertido en realidad, por fin trabajaría en la universidad, me dedicaría a la docencia y a la investigación sin tener que estar cerca de los enfermos y de los hospitales. En el año 1987 leí mi tesis doctoral en la Facultad de Ciencias Biológicas obteniendo la calificación de sobresaliente *cum laude*, siendo uno de los miembros del tribunal don Antonio Núñez, el mismo que me descubrió el campo de la Biología de la reproducción. Además, pronto iban a salir unas plazas de profesor no numerario y yo estaba estudiando la futura oposición.

Sin embargo, como anteriormente os he comentado, la Reproducción Humana Asistida se volvió a cruzar en mi camino y en 1986 el jefe de Servicio de la futura Unidad de Reproducción Humana Asistida (URHA) del Hospital La Fe vino al departamento a ofrecerme un contrato para montar dicha unidad en el Hospital La Fe. Un amigo que teníamos en común le había comentado que conocía a una bióloga especialista en bioquímica que había aprendido las técnicas de FIV en humana en el instituto Dexeus de Barcelona. Pero yo no quería volver a un hospital ni viva ni muerta. A pesar de que opuse mucha resistencia para abandonar la Universidad, el director del departamento finalmente me convenció y me dijo: «mira, Inma, el tren pasa solo una vez en la vida y es ahora cuando lo tienes que coger».

En septiembre de 1986 empezamos a poner a punto la URHA, contaba con la ayuda de otra bióloga que hasta ese momento había trabajado en Genética, mi gran amiga y compañera la Dra. Luisa Diéguez Belmonte. Contamos también con el apoyo y la colaboración del jefe de Servicio el Dr. Alberto Romeu, el jefe de Departamento don Manuel Galbis y otros compañeros ginecólogos como el Dr. Ernesto Bosch y el Dr. Antonio Cabo. Tuvimos el privilegio de trabajar codo con codo con el Dr. Félix Prieto, jefe de Servicio de la Unidad de Genética. Finalmente, en febrero de 1987 abrió la unidad y empezamos con la realización de Técnicas de Reproducción Asistida (TRA) como la inseminación intrauterina (IUI) y la FIV, tanto con semen de la pareja como con semen de donante. En el año 1988 nacía nuestra primera niña por FIV, que se llamó Andrea. Nosotros nos preparábamos todos los medios de cultivo, las pipetas y el material de los laboratorios de andrología y FIV. Teníamos un laboratorio en el centro de investigación donde fabricábamos los medios de cultivo y las suplementaciones proteicas de estos medios, que las hacíamos con suero de cordón umbilical, que recogíamos del paritorio del Hospital Maternal donde estaba ubicada nuestra unidad. El control de calidad de estos medios lo realizábamos con el cultivo *in vitro* de embriones de ratón, desde el segundo día de cultivo hasta que alcanzaban el estadio de blastocisto. Si > 70 % de los embriones alcanzaban dicho estadio considerábamos que ese medio era adecuado para ser utilizado en el laboratorio de FIV. También realizábamos el test de hámster y el test de la hemizona para evaluar la capacidad fecundante de los espermatozoides humanos.

Seguimos trabajando y aumentando la plantilla. Muchos biólogos y gine-cólogos vinieron a formarse en nuestro centro. Aquellos eran los principios de las TRA y empezaron a aparecer laboratorios privados de FIV como si fueran setas y nosotros encontrábamos trabajo para los biólogos que se formaban con nosotros. Hacíamos Cursos de Andrología y de Embriología, así como cursos de Máster en Reproducción Humana en colaboración con el Instituto Jones de Norfolk (EE. UU.). Precisamente en estos cursos de Máster tuvimos el privilegio de conocer a grandes figuras de la reproducción asistida a nivel mundial como el Dr. Aníbal Acosta, uno de los mejores investigadores en el campo de la andrología, y a Lucinda L. Weech, una de las pioneras en el laboratorio de FIV del Instituto Jones de Norfolk.

Durante muchos años estuvimos utilizando las técnicas de inseminación intrauterina y de fecundación *in vitro*. Sin embargo, cuando los varones tenían pocos espermatozoides, no había más remedio que utilizar semen de donante. En 1992, Palemo y colaboradores consiguieron en Bruselas el primer nacimiento en el mundo de un niño mediante la inyección intracito-plasmática de espermatozoides humanos (ICSI). En este caso también fuimos unos privilegiados ya que en 1995 la Dra. Amy Jones, que trabajaba para una empresa consultora de RA en EE. UU., realizó una estancia de entre cuatro y cinco meses en nuestro hospital y pusimos a punto la técnica de ICSI en nuestra unidad. En 1996 nació nuestro primer bebé por ICSI. Esta técnica revolucionó el campo de la reproducción asistida, ya que, a partir de aquel momento, cualquier varón, incluso aquellos que no tenían espermatozoides en el eyaculado, podían tener su propia descendencia. Podíamos obtener espermatozoides tanto del epidídimo como del testículo, en aquellos casos en los que los varones no tenían espermatozoides en el eyaculado. Además, las tasas de éxitos de la ICSI (45 % de gestaciones) no variaban en función del origen de los espermatozoides (eyaculado, epidídimo y testículo) ni tampoco en el caso de que el semen fuera fresco o congelado. A partir de aquel momento ya disponíamos de un tratamiento efectivo para el factor masculino y también para los fallos de fecundación en FIV.

El año 2000 nos trajo otra técnica que revolucionó el campo de la repro-ducción asistida, la vitrificación de ovocitos y embriones humanos. Se trataba de una técnica de congelación de no equilibrio, que nos permitía almacenar tanto ovocitos como embriones con una tasa de supervivencia del 90 %. La congelación de espermatozoides fue una técnica que se desarrolló en la década de los ochenta y que nos permitió almacenar espermatozoides durante largos periodos de tiempo, sin que su viabilidad se viera comprometida. Esta técnica permitió la creación de los bancos de semen de donante y también la congelación de espermatozoides para preservar la fertilidad en el varón. Sin embargo, la congelación de ovocitos y embriones humanos proporcionaba una eficiencia muy baja. Por lo tanto, la vitrificación nos permitió almacenar embriones en cualquier estadio, desde embriones divididos hasta blastocistos. Pero la aplicación más importante de esta técnica fue la creación de bancos de ovocitos y la posibilidad de preservar la fertilidad en mujeres con cáncer mediante la vitrificación de ovocitos.

Otra técnica importante que también realizamos los biólogos de RA es el diagnóstico genético preimplantacional (DGP) que nos permite seleccionar a los embriones sanos para su posterior transferencia en los casos en enfermedades genéticas. Esta técnica se realiza mediante la biopsia de los embriones que obtenemos por ICSI y que son analizados genéticamente para transferir únicamente los embriones libres de enfermedad. El DGP nos ha permitido también la obtención de bebés sanos y HLA compatibles con fines terapéuticos a terceros. Se trata de obtener embriones sanos y que además sean compatibles con el familiar afecto. Una vez se produce el nacimiento del bebe, se recupera el cordón umbilical, que se utiliza para el trasplante de precursores hematopoyéticos a los familiares afectos. Esta técnica se denomina DGP-HLA y en nuestro país ya se han conseguido curaciones de leucemias y anemias hereditarias.

Así pues, mi trabajo en reproducción asistida supone la utilización de técnicas como la IUI, la FIV, la ICSI, el DGP y el DGP con HLA, la preservación de la fertilidad en el varón mediante la congelación de espermatozoides y en la mujer mediante la vitrificación de ovocitos.

Además de trabajar en la clínica humana, en el año 2006 sucedieron dos cosas que me ayudaron muchísimo a aprender y también a enseñar. En enero de 2006, el Departamento de Ciencia Animal de la ETSIA de la UPV puso en marcha la licenciatura de Biotecnología y me propusieron desarrollar e impartir la asignatura de Biotecnología de la Reproducción Asistida. Era perfecto, el círculo se cerraba y yo volvía a la que siempre había considerado como mi casa, la UPV. Además, tuve el privilegio de crear esta asignatura tanto desde su contenido teórico como práctico y trabajar como profesora asociada de la UPV. Mis alumnos son los mejores y disfruto de trabajar con ellos ya que esta licenciatura es una de las que más nota exige al alumnado debido a su gran demanda. Disfruto y aprendo mucho con ellos, con la dirección de trabajos final de carrera y final de grado, así como los trabajos de fin de máster y la dirección de varias tesis doctorales.

En marzo de ese mismo año, fui nombrada vocal de la Comisión Nacional de Reproducción Humana Asistida (CNRHA), dependiente del Ministerio de Sanidad y Política Social, en representación del Consejo General de Colegios Oficiales de Biólogos, donde desempeñé mi función hasta el año 2018. Esta comisión, como su propio nombre indica, es una comisión que se encarga de asesorar a los centros tanto públicos como privados en materia de reproducción asistida, además de autorizar los DGP para cualquier tipo de enfermedad genética, así como los DGP-HLA con fines terapéuticos a terceros. Esta comisión se encarga también de evaluar los proyectos de investigación que requieren la utilización de embriones humanos donados para la investigación y también asesora al Gobierno en relación sobre la legislación en materia de reproducción asistida.

Durante los doce años que fui miembro de esta comisión estudié y aprendí muchísimo sobre temas tanto clínicos como socioculturales relacionados con la reproducción asistida, como la realización de TRA en mujeres solas, parejas lesbianas, maternidad subrogada, realización del DGP en cánceres hereditarios como el cáncer de mama y ovario y muchas otras cosas que ahora ya no recuerdo. Fue una época de mi vida en la que me faltaba tiempo para leerme todas las historias de los pacientes con DGP y DGP con HLA, así como los proyectos de investigación con embriones humanos, que luego discutíamos en el seno de esta comisión, en las reuniones mensuales que se realizaban en Madrid en el Ministerio de Sanidad y Política Social.

He podido también abrir líneas de investigación en la Fundación para la Investigación del Hospital La Fe y desarrollar estas investigaciones relacionadas con la preservación de la fertilidad en la mujer y en el varón, así como la optimización de la selección embrionaria previa a la transferencia. Para la selección de los embriones con más probabilidades de implantar y dar lugar a recién nacidos vivos y sanos, utilizamos el análisis de imagen y los modelos basados en la inteligencia artificial y en el metabolismo embrionario. Como consecuencia de estas investigaciones, he publicado artículos en revistas de prestigio mundial en el campo de la reproducción asistida como *Human Reproduction* o *Fertility and Sterility*. También he sufrido con las comunicaciones orales en inglés, en los congresos de la Sociedad Europea de Reproducción Humana Asistida (ESHRE) de la que soy Embrióloga Clínica Senior y de la Sociedad Americana de Reproducción Humana.

En fin, he superado con creces todas las expectativas que no hubiera podido ni imaginar cuando empecé a estudiar las ciencias de la vida hace ya más de treinta y cuatro años. ¿Qué más puedo pedir? Por eso insisto en deciros que tanto la biología, como la biotecnología y la biomedicina que estudian las ciencias de la vida y de la salud son materias apasionantes. Yo me siento afortunada porque la reproducción asistida se cruzara en mi camino y tanto mi vida profesional como personal han ido siempre de la mano de estas TRA que solo tienen cuarenta años de vida.

2.5 La investigación científica sanitaria

Otro aspecto que tener en cuenta es el ámbito de la investigación científica sanitaria, pues en los últimos años ha ido en aumento el número de biólogos y biólogas que están trabajando en los distintos centros hospitalarios en investigación científica.

Desde la implantación de los nuevos grados, las prácticas en empresa se han hecho obligatorias y desde la Facultad de Ciencias Biológicas se ha conseguido ampliar la oferta de hospitales, centros de investigación y laboratorios privados en los que se pueden realizar dichas prácticas, lo que supone un primer contacto con este aspecto de la profesión que hace que compañeros y compañeras se orienten hacia la investigación biosanitaria. Hay que decir que en muchas ocasiones la contratación no depende de los propios hospitales, pues se realiza a través de fundaciones, y se ha denunciado, en muchas de ellas, la precariedad de sus contratos, como en tantos otros aspectos de nuestra profesión. Aun así, muchos y muchas perseveran y consiguen estabilizar sus puestos, y aquí tenemos el testimonio de otro compañero que lleva muchos años de profesión y nos puede mostrar otra cara, poco conocida, de este prisma; es el doctor en Biología Vicente Mirabet Lis, actual responsable del Banco del Banco de Tejidos y Células de la Comunidad Valenciana.

Procesamiento de células y tejidos humanos para trasplante, Vicente Mirabet Lis

¿Y ahora qué? Seguramente, algunos de vosotros os habréis hecho esta misma pregunta al terminar vuestra etapa como estudiantes en la Facultad de Ciencias Biológicas. Al menos este fue mi caso, allá por 1984 (por cierto, año orwelliano cuyo mensaje adquiere en ocasiones, como la que ahora vivimos en 2020, una inquietante vigencia). Mientras trataba de resolver tal disquisición, un buen amigo (Javier Herrero Jover, entonces residente de Cirugía Plástica y Reconstructiva en el Hospital La Fe, y hoy destacado profesional de este campo) me sugirió el interés que el cultivo celular podía tener en medicina y cirugía. Además, me animó a que me pasara por el entonces Centro de Investigación de La Fe (hoy con el reconocimiento como instituto de investigación sanitaria), donde había algunos grupos que trabajaban con células *in vitro*. Y así llegué a la unidad de Hepatología Experimental (de la mano de M.ª José Gómez Lechón, bióloga de contrastada relevancia científica), donde descubrí la dura y, a la vez, extraordinariamente satisfactoria vida del profesional de la ciencia.

Ya con una cierta experiencia en el campo de la biología celular (y después de algunas infructuosas incursiones en el campo científico comercial) tuve la oportunidad de incorporarme al Servicio de Dermatología del Hospital Clínico de Valencia, donde el profesor Antoni Castells i Rodellas estaba desarrollando una unidad para el cultivo de piel humana. A los pocos meses, se realizó en el Hospital La Fe el primer trasplante de piel cultivada España. Este hito, con una notable repercusión mediática, me llevó a incorporarme al propio Hospital La Fe para crear un banco de piel, con el inestimable apoyo de Vicente Mirabet Ippólito (mi padre, jefe del Servicio de Cirugía Plástica).

Sin duda, este paso por La Fe supuso un punto de inflexión en mi desarrollo profesional. Conocer a Pancho Arriaga Chapper (hematólogo) me abrió las puertas a un campo hasta entonces desconocido para mí, la criobiología. Con él, descubrí los principios básicos para el almacenamiento celular y tisular. También aprendí la importancia del control de calidad, que ya se venía aplicando en hematología y hemoterapia, pero con una escasa repercusión en las especialidades quirúrgicas, que eran las demandantes de sustitutos tisulares.

Paralelamente a todo ello, el desarrollo de la Organización Nacional de Trasplantes (ONT), supuso un impulso definitivo para el despegue de los índices de donación de órganos y tejidos en nuestro país, basado en el mundialmente reconocido «modelo español».

El auge del trasplante de células y tejidos conllevó la necesaria regulación de las actividades asociadas. Como consecuencia, en 1990 se creó el Banco de Tejidos y Células de la Comunidad Valenciana, al que me incorporé unos meses después (a las órdenes de M.ª Ángeles Soler García). Este banco se encuentra en el Centro de Trasfusión de la Comunidad Valenciana, cuyo director, José A. Montoro Alberola, apostó entonces abiertamente por promover el banco de tejidos. Siendo el nuestro uno de los primeros bancos con carácter multidisciplinar creados en España, tuve la ocasión de conocer a una serie de profesionales de este entonces incipiente campo. Compartiendo apasionados debates con ellos, alcanzamos una entrañable e imperecedera amistad. Adela Miralles Marín, Rafael Villalba Montoro, Jacinto Sánchez Ibáñez, M.ª Carmen Hernández Lamas, Lola Casero Ariza, Esteve Trías i Adroher, Cándido Andión Núñez y otros muchos me permitieron adquirir una experiencia personal y profesional por las que les estaré siempre agradecido.

También tengo que agradecer a Rafael Zaragoza Crespo, nuestro Coordinador Autonómico de Trasplantes, por su confianza al encomendarme la tarea de coordinación sectorial de células y tejidos en el Consejo de Trasplantes. Las medidas implementadas en los últimos años han permitido prácticamente duplicar la tasa media de donación en nuestro territorio autonómico.

El perfil del biólogo se ajusta bastante bien a los requerimientos del banco de tejidos. No obstante, considerando que se trata de una actividad con un marcado componente multidisciplinar, es inevitable un proceso formativo específico, posterior a la etapa académica.

Se entiende por banco de tejidos o establecimiento de tejidos aquella unidad donde se llevan a cabo actividades de procesamiento, preservación, almacenamiento o distribución de células y tejidos, después de su obtención y hasta su utilización clínica. Es responsabilidad del banco de tejidos asegurar la calidad de sus productos, proporcionando seguridad y eficacia clínica. Esta es la definición que se encuentra en el Real Decreto Ley 9/2014. Este documento dispone el marco regulador en el que se desarrollan las actividades de los bancos de tejidos en nuestro país, incorporando a nuestro ordenamiento jurídico los contenidos de la Directiva 2004/23/CE del Parlamento Europeo y del Consejo, de 31 de marzo de 2004, relativa al establecimiento de normas de calidad y de seguridad para la donación, la obtención, la evaluación, el procesamiento, la preservación, el almacenamiento y la distribución de células y tejidos humanos.

Cuando se habla de trasplante de tejidos, hay que tener presente que se trata de un concepto que engloba diferentes actividades. Siguiendo el orden temporal en el que se suceden las distintas acciones que deben considerarse, en primer lugar, se encuentra la coordinación hospitalaria de trasplantes (figura sobre la que se asienta el éxito del «modelo español»). En segundo lugar, interviene el equipo quirúrgico que se va a responsabilizar de la extracción de los tejidos. En tercer lugar, se sitúa el banco de tejidos, donde se procesarán y conservarán los diferentes productos. Finalmente, se encuentra el equipo quirúrgico que, llegado el momento, realizará el correspondiente trasplante. Por todo ello, desde el banco se mantiene una relación permanente multidireccional con profesionales médicos de muy variadas especialidades.

La observación de la naturaleza ha evidenciado la importancia del frío como mecanismo preservador en sistemas biológicos, independientemente de su complejidad. Así, el estudio de los seres vivos que habitan las zonas con climas muy fríos (como las áreas polares, por ejemplo) ha proporcionado a los investigadores conocimientos sobre los principios básicos que regulan su adaptación a estos entornos extremos.

En 1665, Boyle publicó *New experiments and observations upon cold*, en el que este prolífico científico describió el efecto del frío sobre diversos seres vivos. En el último cuarto del siglo XIX, los estudios de Cailletet, Pictet, Omnes y Dewar revelaron metodologías para la licuación de gases, lo que permitió la posibilidad de alcanzar temperaturas extremadamente bajas. Más recientemente, en 1949, de modo accidental, Polge descubrió el efecto crioprotector del glicerol. En 1963, Mazur comentó en una serie de experimentos los efectos de la congelación sobre las células, proponiendo la «hipótesis de los dos factores».

Este marco propició el desarrollo de la criobiología. Esta es una ciencia multidisciplinar que engloba el estudio del comportamiento físico y biológico de los seres vivos, analizando las interacciones de las células y los tejidos con el medio ambiente a bajas temperaturas.

En la tabla 2.2 se resumen las características propias de algunos de los sistemas más utilizados para la conservación de células y tejidos.

TABLA 2.2

*Resumen de las características propias de algunos de los sistemas más utilizados
para la conservación de células y tejidos*

	Ventajas	Inconvenientes
Refrigeración entre 1 °C y 10 °C	Viabilidad celular alta Integridad estructural Propiedades biomecánicas conservadas Sustancias bioactivas presentes Procesamiento sencillo Infraestructura almacenamiento sencilla	Inmunogenicidad alta Antigenicidad alta Caducidad corta (semanas)
Congelación simple entre -30 °C y -80 °C	Integridad estructural Propiedades biomecánicas conservadas Sustancias bioactivas presentes Infraestructura almacenamiento sencilla Caducidad media (meses - pocos años) Inmunogenicidad reducida	Viabilidad celular comprometida Antigenicidad alta Inmunogenicidad no descartable
Criopreservación entre -140 °C y -196 °C	Viabilidad celular media-alta Integridad estructural Propiedades biomecánicas conservadas Sustancias bioactivas presentes Caducidad alta	Inmunogenicidad media Antigenicidad alta Procesamiento complejo Infraestructura almacenamiento compleja
Vitrificación entre -140 °C y -196 °C	Viabilidad celular alta Integridad estructural Propiedades biomecánicas conservadas Sustancias bioactivas presentes Caducidad alta	Inmunogenicidad media Antigenicidad alta Procesamiento complejo Infraestructura almacenamiento compleja
Liofilización ambiente	Integridad estructural Sustancias bioactivas presentes Infraestructura almacenamiento sencilla Caducidad media (pocos años) Inmunogenicidad reducida Antigenicidad reducida	Viabilidad celular nula Procesamiento complejo Requiere esterilización secundaria Propiedades biomecánicas alteradas Sustancias bioactivas ausentes
Cultivo 37 °C	Viabilidad celular óptima Control exhaustivo Ingeniería tisular Inmunogenicidad modulada (en algún caso)	Antigenicidad alta Caducidad corta (semanas) Procesamiento complejo Infraestructura almacenamiento compleja Estructura tisular limitada

La criopreservación se consigue mediante la utilización de sustancias crioprotectoras (siendo el glicerol y el dimetilsulfóxido las más utilizadas). Asimismo, con dispositivos programables (como los de la imagen a la izquierda) se puede controlar el descenso térmico durante el proceso de cambio de estado físico y, además, alcanzar temperaturas próximas a la del almacenamiento definitivo del producto. Estos aparatos constan de una cámara de congelación (donde se coloca el recipiente con el tejido) y un módulo controlador que se encarga de regular el procedimiento. Existen métodos pasivos (imagen a la derecha), que se basan en el uso de dispositivos validados para garantizar un descenso térmico aproximado de 1 °C/min (que es válido para la mayoría de las células humanas) al introducirlos en un congelador a -80 °C.

Para minimizar el riesgo de lesiones irreversibles en el material que se va a criopreservar, hay que proporcionar una velocidad óptima de enfriamiento. Durante la congelación, se produce una reducción del volumen celular que se debe al proceso de deshidratación por mecanismos osmóticos. Una tasa de enfriamiento demasiado lenta puede llevar a la célula a alcanzar un valor crítico que conducirá a una disfuncionalidad de la membrana celular. Si, por el contrario, es demasiado rápida, el riesgo de generación de cristales de hielo en el interior celular se incrementa, pudiendo alterar irreversiblemente las estructuras celulares.

El almacenamiento en nitrógeno líquido (-196 °C) proporciona un medio en el que literalmente se «detiene el tiempo», al impedirse la actividad biológica.

A la hora de diseñar la estrategia más adecuada para el almacenamiento de tejidos, es necesario conocer previamente qué requisitos son exigibles para la eficacia clínica del tejido en cuestión, para lo cual será necesario responder una serie de preguntas: ¿Se requiere viabilidad celular? ¿Hay sustancias bioactivas? ¿Tiene propiedades biomecánicas? ¿Hay que mantener la integridad histológica? ¿Qué tiempo estimado de almacenamiento se prevé? ¿De qué infraestructura dispone el banco?

En cuanto a los tipos de tejidos susceptibles de almacenamiento, hoy en día se han desarrollado protocolos para un buen número de ellos:

– Tejidos músculo-esqueléticos.
– Hueso: ya sea para relleno (esponjoso) o con fines estructurales (injerto óseo masivo). En el caso particular de la craneoplastia reconstructiva que se realiza tras una craniectomía descompresiva, nuestro banco (en colaboración con el Servicio de Neurocirugía del HUP La Fe, liderado

por Carlos Botella Asunción) fue el primero en describir la presencia de células viables en el injerto autólogo, tras el almacenamiento.

- Cartílago: presentado como fragmentos osteocondrales o también meniscos.
- Tendones y ligamentos: aparatos extensores, tendones aquíleos, tendones isquiotibiales y tendones tibiales, son frecuentemente utilizados como aloinjertos.
- Piel: todavía en la actualidad este es un recurso imprescindible en las unidades de quemados, para el abordaje quirúrgico de los pacientes que presentan lesiones que por su severidad y extensión requieren la reposición a corto plazo de la función de barrera cutánea.
- Válvulas cardíacas y segmentos vasculares: ofrecen un buen comportamiento hemodinámico, así como resistencia a la infección. Nuestro banco (en colaboración con el Servicio de Cirugía Cardíaca del HUP La Fe, liderado por José A Montero Argudo, y la valiosa aportación de Carmen Carda Batalla, de la Universitat de València) fue el primero en determinar que el posible daño histológico en los aloinjertos se debía fundamentalmente al proceso de congelación y no al tiempo de almacenamiento en nitrógeno líquido.
- Tejidos oculares: principalmente la córnea, que puede utilizarse como tal (queratoplastia penetrante) o bien, previa separación en lamelas, para tratar patologías más específicas. También la esclera se puede utilizar, generalmente con fines tectónicos.
- Membrana amniótica: su potencial regenerativo y su buena tolerancia inmunológica le confieren propiedades útiles a la hora de modular los mecanismos fisiológicos de reparación tisular. Se utiliza frecuentemente en oftalmología y cirugía plástica.
- Progenitores hematopoyéticos: son las «células madre» de la sangre. Seguramente, se trata de una de las primeras terapias celulares que se desarrollaron y no han dejado de incrementarse sus indicaciones clínicas, dada su eficacia terapéutica.
- Corteza ovárica: su almacenamiento es una oportunidad para mujeres que van a ser sometidas a tratamientos (por su patología de base) que pueden conducir a un fallo ovárico precoz. Nuestro banco colaboró con los ginecólogos liderados por Antonio Pellicer Martínez y María

Sánchez Serrano, responsables del primer nacimiento en España tras un autotrasplante de corteza ovárica criopreservada.

Paralelamente a nuestra labor asistencial, hemos efectuado incursiones en el campo de la investigación (recordemos que me inicié en este terreno con el cultivo de piel), especialmente con el manejo de células mesenquimales (de médula ósea y, sobre todo, de tejido adiposo). Esto, por ejemplo, nos permitió colaborar con el equipo de M.ª Dolores Miñana Giménez, de la Fundación de Investigación del Hospital General de Valencia, en la descripción de hemangioblastos en estroma vascular de la grasa humana.

La inquietud por la mejora continua en nuestro trabajo nos ha permitido alcanzar hitos de cierta relevancia, garantizando además la mejor labor asistencial. No hay que olvidar que los servicios que se ofrecen no suponen coste alguno para los hospitales de la red sanitaria pública. Por lo tanto, un banco de tejidos eficiente repercute significativamente en la asistencia sanitaria.

El campo del trasplante representa, sin duda alguna, uno de los retos más apasionantes para el profesional de la biología que pretende desarrollar su labor profesional en el ámbito sanitario.

En este campo de la investigación sanitaria se ha avanzado mucho en cuanto a la participación de los y las profesionales de nuestro colegio en equipos de investigación en el INCLIVA, la Fundación del Hospital La Fe y otros centros de investigación. Hace treinta años éramos muy pocos, ahora ya van siendo bastantes más los compañeros y compañeras que se dedican a la investigación biosanitaria en equipos multidisciplinares. Desde la implantación de los nuevos grados y la obligatoriedad de las prácticas en empresa, cada vez más alumnado de Biología y Bioquímica y Ciencias Biomédicas realiza dichas prácticas en centros de investigación biomédica y tiene oportunidad en ocasiones de ser contratado.

2.6 Otros ámbitos de la biología sanitaria

Además de las especialidades hasta aquí descritas, desde el CGCOB se sabe que hay biólogos y biólogas trabajando en muchos otros ámbitos relacionados con la Biología Sanitaria. Mi experiencia en los muchos años que he estado en el

COBCV me permite señalar que hay bastantes profesionales trabajando en las actividades que señalo a continuación.

2.6.1 *Tratamiento de plagas y epizootias; fitosanitarios; desratización, desinsectación y desinfección y control de los agentes biológicos patógenos*

En la Facultad de Ciencias Biológicas de València, el control de plagas ha sido siempre un área en la que se podían especializar los futuros biólogos y biólogas, cosa que no ocurre en todas las facultades. En València se ha impartido durante muchos años la asignatura Control de Plagas. Al principio fue una asignatura optativa, posteriormente de libre elección y en la actualidad, dentro del máster Biodiversidad: Conservación y Evolución, encontramos asignaturas como Plagas: El control de las superpoblaciones nocivas, que permiten trabajar en este campo. Los colegiados/as que trabajan en control de plagas lo hacen de diversas formas, bien como trabajadores autónomos bien como contratados por empresas más o menos grandes, también lo hacen como empresarios asociados, y algunos están contratados por la Administración local o ayuntamientos.

La Generalitat Valenciana abrió en 2006 el Centro Biológico de Control de Plagas en Caudete de las Fuentes. Esta bioplanta se remodeló en 2022 y es un centro de referencia en uno de los aspectos más novedosos en este campo, la técnica del insecto estéril (TIE), que se está utilizando en la actualidad para luchar contra una plaga endémica, la mosca del Mediterráneo, *Ceratitis capitata,* que afecta sobre todo a los cítricos. Este insecto produce daños en las cosechas, se introduce en la fruta, deposita los huevos y sus larvas la pudren. La esterilización y posterior suelta masiva de los machos estériles hace inviable la fecundación y viabilidad de los huevos, de manera que se preservan los cultivos y se reducen en un 50 % las poblaciones de *ceratitis.* Los resultados de la experiencia han permitido reducir en un 95 % la fumigación química por medios aéreos. De hecho, el objetivo del proyecto de ampliación es incrementar en un 60 % la capacidad de producción de machos estériles, de 500 a 800 millones de larvas semanales, y por tanto extender el método de lucha al 100 % de los campos de cítricos y a otras 40.000 hectáreas de frutales vulnerables a la plaga, como el níspero, el cerezo, el ciruelo o el melocotonero.

La bioplanta de Caudete ha puesto en marcha otro proyecto piloto aplicando esta misma técnica contra el mosquito tigre, que es vector de enfermedades como el dengue, el chikungunya o el zika, y la Generalitat prevé invertir más de 30 millones, en tres años, para ampliar la planta de Caudete, así como la creación de un nuevo centro biológico de control de plagas en la Estación Experimental de Elx, con un evolucionario de insectos para seguir avanzando en investigación y sanidad vegetal. Este nuevo centro se unirá a la red que forman los centros de Caudete de las Fuentes y de Moncada, donde está el Instituto Valenciano de Investigaciones Agrarias (IVIA). El IVIA también cuenta con grupos de investigación en entomología, en gestión integrada de plagas y enfermedades en cítricos, micología y bacteriología, en los que trabajan biólogos/as.

De esta manera, la Comunitat Valenciana dispone de tres centros dedicados a investigar en beneficio de la agricultura, y en contra de las plagas que afectan al desarrollo y la sostenibilidad del sector.

Este, como puede verse, es un sector emergente en el que hay y habrá trabajo para las personas que han estudiado o estudian Biología.

2.6.2 *Nutrición y dietética*

En el COBCV se constituyó hace tiempo la Comisión de Nutrición y Dietética a propuesta de algunos de los colegiados/as que trabajan en este sector, algunos de ellos desde hace mucho tiempo y con un reconocido prestigio. Antes de que aparecieran los grados de Nutrición Humana y Dietética y Ciencia y Tecnología de Alimentos ya teníamos colegiados trabajando en este ámbito y, quizás, ahora los nuevos titulados se encuentran con más problemas para ejercer y, sobre todo, con más competencia. Probablemente, la emergencia de los nuevos grados ha hecho que perdamos presencia en esta parcela y, en mi opinión, si os gusta esta área, también se puede optar a algunos de los dos nuevos grados. Aunque, por supuesto, el COBCV y el CGCOB seguirán velando por el ejercicio de la profesión de los biólogos/as en esta área multidisciplinar donde caben todos.

2.6.3 *Evaluación de riesgos*

En este caso, como en muchos otros, la aparición de una ley ha favorecido que haya trabajos relacionados con esta, y en la que los y las profesionales de la biología pueden ejercer. La ley 31/1995 de Prevención de Riesgos Laborales, que ha cumplido ya veinticinco años, supuso que muchos profesionales se dedicaran a los diversos aspectos de la prevención de riesgos, sobre todo los relacionados con los riesgos biológicos, pero, por extensión, se especializaron en prevención de riesgos en general, ya que se abrió con esta ley un campo nuevo, hasta entonces no regulado y en el que los y las profesionales de la biología podían trabajar. No es que anteriormente no existiera nada. En 1982 se publicó un real decreto sobre la organización del Instituto Nacional de Seguridad e Higiene en el Trabajo, donde se menciona a los titulados superiores de dicho instituto, y para incorporarse a la escala de estos titulados se requería estar en posesión de un título de licenciado, por lo que los biólogos podían acceder a dicha escala. Tras varios cambios dicho instituto pasó en 2020 a denominarse Instituto Nacional de Seguridad, Salud y Bienestar en el Trabajo (INSST), y se sigue requiriendo el título de licenciado, al que ahora se añade el de grado para presentarse a oposiciones. Pero la Ley de 1995 generó mucho trabajo en prevención de riesgos sin necesidad de hacer oposiciones, ya que se requiere a las empresas que realicen la evaluación de riesgos y mantengan las actuaciones requeridas. Surgieron por doquier cursos y másteres sobre el tema y, como yo digo, ha dado de comer a muchos biólogos/as.

2.6.4 *Consejo genético y planificación familiar*

Este es un ámbito en el que los licenciados en Biología siempre han estado en primera línea, ya que la genética es una de nuestras especialidades y todas las cátedras de Genética históricamente han estado adscritas a las facultades de Ciencias Biológicas. Como ya he dicho, está pendiente el reconocimiento de esta especialidad sanitaria por parte del Ministerio, tema en el que el Consejo General de Colegios Oficiales de Biólogos lleva trabajando desde hace mucho tiempo, junto al de reproducción asistida humana.

Y tal y como recoge el folleto del Consejo General del COB, también hay profesionales de la biología/bioquímica/biotecnología trabajando en temas como: análisis biológicos de las aguas, toxicología, estudios demográficos y epidemiológicos, biotecnología sanitaria, sanidad ambiental, radiaciones electromagnéticas y bioelectromagnetismo. Con todo ello queda claro que el ámbito de la sanidad es fundamental y en él nuestra profesión tiene mucho que aportar.

Capítulo 3

Medio ambiente

En el ámbito del medio ambiente, los biólogos/as han encontrado muchos campos distintos en los que desarrollar la profesión. Y hablamos de medio ambiente, pero en realidad debemos hablar de los seres vivos, su hábitat y sus relaciones, es decir, de ecosistemas y de diversidad biológica.

Tal como recoge el Convenio de Diversidad Biológica (NU, 1992), la diversidad biológica o biodiversidad es «la variabilidad de organismos vivos de todas las clases, incluida la diversidad dentro de las especies, entre las especies y de los ecosistemas».

Además de su valor intrínseco, la biodiversidad es fundamental para la existencia del ser humano en la Tierra y usada de un modo sostenible es una fuente ilimitada de recursos y servicios muy variados. La biodiversidad está estrechamente ligada a la salud y el bienestar de las personas y constituye una de las bases del desarrollo social y económico. La conservación de la biodiversidad y el mantenimiento y la restauración de los ecosistemas son igualmente relevantes en la lucha contra el cambio climático, uno de los principales retos ambientales que afronta la humanidad.

Y los profesionales que abordan todo esto lo hacen desde las especialidades clásicas de la Biología, la Botánica y la Zoología y ninguna otra profesión está tan bien capacitada para trabajar en flora y fauna como la nuestra. El conocimiento y la conservación de especies de flora y fauna ha sido nuestro ámbito más definitorio desde hace siglos. Lo mismo ocurre con la ecología, la ciencia que estudia los ecosistemas, es decir, el conjunto de seres vivos que viven en un determinado hábitat. Y aquí sí que no surgen dudas, cuando hablamos de un botánico, una zoóloga o un ecólogo/a todo el mundo piensa en un biólogo/a. Hay otras especialidades menos conocidas, como la edafología, la ciencia de los suelos, en la que también trabajan los biólogos/as. Otras titulaciones puede que estudien algo de botánica, zoología o ecología, pero ninguna lo hace con la misma intensidad y no se especializan en ello. Otras profesiones ven estos conocimientos como aplicados, mientras que en la nuestra es un conocimiento troncal.

Pero en mi opinión lo que «da de comer» desde estas especialidades es precisamente su aplicación práctica. Hay muy pocas plazas para zoólogos, botánicas o ecólogos fuera de los departamentos universitarios y algunos centros públicos de investigación, como los del CSIC (Museo de Ciencias naturales, Institutos de Investigación específicos) o en la Administración, tanto la estatal como las autonómicas, en las áreas relacionadas con medio ambiente. Sin embargo, el amparo de algunas leyes sí ha permitido ganarse la vida, es decir, trabajar de lo suyo, a estos especialistas. Como ejemplo cito dos de estas leyes que tienen que ver con el impacto ambiental y con la conservación de la biodiversidad y sus hábitats.

Las leyes de impacto ambiental, tanto la estatal como las autonómicas, requieren que se hagan evaluaciones de impacto ambiental (IA) de muchas actuaciones y estas evaluaciones, aunque puedan ser coordinadas por otros titulados como ambientólogos o ingenieros, requieren un estudio de las especies de flora y fauna, que precisan de especialistas en flora y fauna, es decir, de botánicos y de zoólogos, si se hace correctamente. Desarrollaremos esto más adelante.

Otro hito fue la promulgación de la Ley 4/1989, de 27 de marzo, de Conservación de los espacios naturales y de la flora y la fauna silvestres, que marcó un punto de inflexión en lo relativo a la conservación, ya que, por primera vez, en esta ley prevalecía la conservación de la flora, la fauna y sus hábitats sobre las actividades económicas o la Ley del Suelo, por ejemplo, cosa que hasta entonces no era fácil de gestionar. Bueno, mi experiencia es que después tampoco ha sido nada fácil, pero al menos desde entonces tenemos la ley de parte de la conservación, lo que permite pelear por ella.

Esta ley tenía que ser desarrollada por las comunidades autónomas, y así se fue haciendo en los años siguientes por parte de las distintas autonomías, por ejemplo, se aprobó la Ley 11/1994, de 27 de diciembre, de espacios naturales protegidos de la Comunidad Valenciana. Ley de la que me siento muy responsable, dado que, como he mencionado en el capítulo 1, se aprobó cuando yo era directora general e hice todo lo posible para que saliera adelante tal como se había gestado por parte de los técnicos de la Dirección General.

La Ley 4/1989 fue derogada por la Ley 42/2007, de 13 de diciembre, del Patrimonio Natural y la Biodiversidad, con avances importantes en este ámbito.

El tema del medio ambiente es muy amplio. Seguiré aquí también lo que el Consejo General de Colegios de Biólogos recogía, ya hace unos años, como resumen de las salidas profesionales en medio ambiente. Vamos a ir repasando estos temas desde el punto de vista de la profesión.

3.1 ESTUDIOS DE IMPACTO AMBIENTAL

Los estudios de evaluación de impacto ambiental están amparados por ley desde 1986, año en que se publicó el Real Decreto Legislativo 1302/1986, de 28 de junio, de evaluación de impacto ambiental. Esta ley es una transposición de la Directiva Comunitaria 85/337/CEE. Con posterioridad a dicha ley se publicó el reglamento correspondiente: Real Decreto 1131/1988, de 30 de septiembre, en el que se especifica con toda claridad cómo realizar el procedimiento, organismos que actúan, plazos, vigilancia, responsabilidad, etc.

La evaluación de impacto ambiental responde a un principio básico de la política ambiental como es la prevención. La mejor manera de actuar en materia ambiental es evitando el daño, en vez de combatir *a posteriori* los efectos perniciosos de una actividad.

Esta primera normativa ha sufrido muchos cambios y en la actualidad la evaluación ambiental se regula mediante la Ley 21/2013, de 9 de diciembre, de evaluación ambiental.

En la Comunitat Valenciana también se publicó muy pronto la primera Ley de Impacto Ambiental, la Ley 2/1989, de 2 de marzo, de la Generalitat Valenciana (DOGV n.º 1021, de 8 de marzo de 1989).

Y, como ya he comentado y suelo decir, esto ha dado de comer a muchos biólogos y biólogas, ya que aquello que está regulado por ley y es de obligado cumplimiento, genera trabajos que deben realizarse. En los primeros años es cierto que costó que quedara claro que la autoría de los trabajos era de nuestros colegas. En los estudios de evaluación de impacto se deben de elaborar listas de flora y fauna de los lugares en evaluación y eso solo lo saben hacer los profesionales de la biología, pero muchas veces solo les contrataba alguna empresa de ingeniería o despacho de arquitectura para esa parte, que se incluía dentro de la evaluación global, mientras que la autoría quedaba en manos del ingeniero/a o arquitecto/a que firmaba el trabajo y lo visaba en su colegio profesional, lo que diluía el trabajo de los biólogos/as.

Desde el colegio profesional hicimos una labor de divulgación del visado colegial, sobre que también en nuestro colegio podían y debían visar la parte del trabajo del que eran autores y que solo eso garantiza que la autoría sea reconocida. Como resultado, en los años noventa hubo un auge de los visados colegiales que correspondían a trabajos de evaluación de impacto ambiental (EIA) de nuestros colegiados. También aparecieron diversas empresas de consultoría ambiental lideradas por biólogos/as que asumían los trabajos de EIA completos. La crisis de 2008 hizo que muchas de ellas tuvieran que cerrar o reducir drásticamente sus plantillas, ya que escasearon los proyectos que debían realizarse, en los ámbitos tanto privado como público. Pero en el momento en que la economía despega y vuelve a haber actividades económicas, vuelve a funcionar la EIA.

Dos de estos biólogos que han trabajado, entre otras muchas cosas, en consultoría ambiental y han realizado estudios de EIA son Gerardo Urios y Juan Ponce.

Gerardo Urios me sustituyó como decano al frente del COBCV en 2004 y siempre ha participado en las charlas que organizamos para el alumnado de la Facultad de Ciencias Biológicas. Es un gran ejemplo de biólogo emprendedor: se atrevió a montar muy pronto su propia empresa y ha sabido adaptarse a los cambios del mercado. Es un buen ejemplo de quien ha encontrado aquello que le permite diferenciarse dentro de la profesión y, por tanto, avanzar. Cuando los sistemas de información geográfica (SIG) empezaban a ser absolutamente imprescindibles en todo lo relacionado con la gestión del territorio y los espacios naturales (planes de ordenación de los recursos naturales (PORN) y planes rectores de uso y gestión (PRUG), que han sido las herramientas esenciales de la Ley 4/1989, de Conservación de los espacios naturales y de la flora y la fauna silvestres y de las siguientes). Gerardo Urios se especializó en SIG y era uno de los pocos que podía, porque tenía los conocimientos y los medios técnicos para ello, elaborar los correspondientes mapas. Y desde esos primeros tiempos no ha dejado de adaptarse para sobrevivir en este duro mercado, como veréis en su escrito.

Gerardo Urios. Consultor ambiental o el naturalista profesional

Es bien sabido que la biología y su estudio son una de las disciplinas que más arraigadas están en el intelecto humano. La pasión por descubrir y entender el mundo que nos rodea es lo que mueve a las personas, al menos me movió a mí, a conocer, investigar, empaparse del mundo natural y, finalmente, estudiar, una materia como la biología: capaz de abarcar muchas y muy variadas disciplinas.

Es cierto que de joven algunas personas te inspiran más que otras y así, durante mi juventud cayeron en mis manos biografías y libros de Darwin, Humboldt o los más modestos (pero no menos pioneros) naturalistas patrios, que han sido el lugar donde mirarse para muchos que, como yo, les apasionaba el mundo natural en el sentido más amplio de la palabra.

Por suerte, en estos años la carrera de biología, con una relativamente corta trayectoria en Valencia, se había implantado y ya disponía de un cuerpo docente con algunos destacados maestros en genética, biología marina, microbiología, geología, botánica, fisiología animal, bioquímica y ecología.

Todos ellos ejercieron, sin darse cuenta, como modelo experimental: un campo de pruebas humano que permitía ver en directo a grandes profesionales actuar en sus materias y ver hasta qué punto la interacción de unos y otros con la sociedad, el intercambio de conocimientos y la aplicabilidad de las materias los hacía útiles en un contexto de destrucción de la naturaleza y cambios en los ecosistemas que, como era mi caso, fueron las excusas para enrolarme en esa larga travesía de la biología.

La carrera en aquellos años estaba muy basada en el mundo teórico y cualquier oportunidad para escapar del mundo de los libros y las clases era aprovechada de buen grado, la abundante teoría no se compadecía bien con las escasas prácticas y algunas lagunas en materias aplicadas eran claras. No obstante, la oportunidad de colaborar y hacer pequeños proyectos con profesores o compañeros de carrera fue muy enriquecedora y constituyó la antesala para lanzarme a volar solo, en otros de más envergadura.

En mi caso la pertenencia muy temprana a grupos ecologistas me permitió estar al tanto de lo que acontecía en el medio natural en nuestra tierra y, por ello, los primeros pasos profesionales me adentraron en la ornitología, conservación de especies de flora autóctona, inventarios marinos y un largo etcétera de ensayos que me permitieron estar, a mi entender, escasamente preparado pero no falto de entusiasmo para abordar un reto profesional más ambiciosos de mi carrera: la gestación y nacimiento de uno de los espacios naturales más emblemáticos de la Comunidad Valenciana, las Islas Columbretes.

En ellas allá por 1988, comencé a trabajar como guarda (sin haber concluido la carrera), lo que me permitió hacer el aprendizaje sobre el medio natural «a la inversa» sin esperar que los conocimientos vinieran de la teoría sino de una práctica inmersiva, fruto de la interacción diaria con la naturaleza en estado puro.

Ese periodo duró unos cinco años en los que la «carrera» propiamente dicha quedó algo aparcada, si bien no dejé de examinarme y aprobar todo lo que se ponía sobre la mesa y en muchas ocasiones además con buenos resultados. Dicho periodo en las islas me ha marcado enormemente y me ayudó a tamizar mejor mis intereses y, al tiempo, especializarme en el campo de trabajo que luego ha sido mi profesión: naturalista profesional o en términos más al uso, consultor ambiental en el sentido más amplio de la palabra.

La inquietud personal y profesional me llevó a completar aquellos campos en los que yo consideraba que mi formación no era suficientemente buena e incluso inexistente, como fue la cartografía y manejo de mapas a través de sistemas de información geográfica (con su más conocido acrónimo SIG), o la evaluación de impacto ambiental de la que casi nada habíamos oído hablar durante la carrera.

No obstante, toda fuente de formación era bien recibida en un contexto en el que todavía no había un uso masivo, como ahora, de internet: la fuente más vasta de información que haya existido y que hoy en día permite, a golpe de clic, una formación muy rápida y accesible en modo remoto y ajustado a las necesidades de cada alumno.

En aquellos tiempos de formación, la mera existencia de ordenadores era un lujo solo al alcance de algunos privilegiados en la universidad y de algunos pocos alumnos, por no hablar de la posibilidad de disfrutar de una beca, muy escasas y selectivas en aquel momento.

Lo cierto es que sortear dichos obstáculos no fue tan difícil para disponer de una formación amplia en biología, formación de la que siempre he estado orgulloso y que me ha permitido comprender desde lo más pequeño a la más complejo, como así refleja la variedad tan amplia de trabajos a los que nos dedicamos los biólogos.

En una primera fase, he de reconocer que la universidad y su mundo dedicado a la investigación me atrajo y así, valoré la posibilidad de investigar en el campo de la biología marina. Eran muchos los obstáculos, muy limitados los recursos, y mi grado de estoicismo y paciencia para esperar proyectos (que no siempre llegaban), y la necesaria financiación asociada a los mismos, me llevaron a buscar otras alternativas en el campo de la empresa.

Así fue como, a mediados de los años 90 fundé la primera consultora medioambiental como una suerte de salto al vacío, con la confianza de que el trabajo vendría por sí solo...

No hubo análisis de mercado, ni plan económico financiero, ni formación en gestión empresarial, ni estrategia de *marketing* previa al lanzamiento de una pequeña consultora: un logo bastaba para lanzarse al mundo de la consultoría en un campo de actividad que resultó ser (*a posteriori*) muy prometedor.

Dicha empresa mudó y se convirtió en lo que hoy es un medio para aportar bienestar a unas pocas familias, basada en un eslogan que desde joven se grabó en mi mente («Lo pequeño es hermoso», decía el título de aquel libro de Schumacher), pero sobre todo que me apasiona a mí y, de paso, que trata de hacer las cosas con toda la coherencia posible y que ha tenido que adaptarse a los buenos y a los malos tiempos.

Recuerdo en estas líneas en particular los tiempos de un crecimiento económico lento pero progresivo que despuntó al final del 2008, para luego navegar, capear se podría decir, lo que he venido en llamar «la crisis de los 10 años». Una suerte de epidemia económica que acabó con muchas empresas de mediano tamaño y que, gracias a la adaptación y la capacidad de mutar, nos permitió reducir el tamaño, ajustar y volver a ajustar presupuestos y poder flotar de nuevo de forma previa al año 2020.

Pero esa capacidad de adaptación —muy propia de los seres vivos, tal como vimos en la ecología que estudiamos en su momento— es la que me ha permitido buscar nuevos nichos (de mercado en esta ocasión), explorar nuevos sectores y plantear nuevas ideas que vinculadas a mi campo profesional pudieran aportar nuevas oportunidades de trabajo: cubiertas verdes, uso de sistemas de drenaje sostenible para mejorar la calidad de las aguas de infiltración (usando especies de flora a tal efecto) y un largo etcétera.

No obstante, el hito principal que, a mi entender, ha determinado las capacidades profesionales que ahora tengo fue la decisión temprana (quizás demasiado) de inscribir un título de tesis mucho antes de haber siquiera pensado bien el campo de trabajo al que quería dedicar mis devaneos intelectuales.

Así con aquella inscripción temprana se fijó una fecha de lectura de mi tesis doctoral que se basó en años de trabajo en las Islas Columbretes y exprimió las habilidades con los SIG desarrolladas en el ejercicio de mi profesión como consultor y los años de trabajo con la «especie elegida», el halcón de Eleonor, con el que trabajé largos años. Nadie previó que, de forma previa a la lectura de tesis, en pleno frenesí de su elaboración, se dibujara un deseado hijo en el horizonte ¡cosas de la biología!

El esfuerzo intelectual valió la pena pues ya no hay nada a nivel académico por encima de ese título que, a modo de título nobiliario, te unge con una dudosa distinción de desconocida efectividad (a menos que te quieras dedicar a ser investigador o docente en la Universidad, ya que entonces es un requisito). La tesis sirvió de palanca para aprender más estadística, cartografía predictiva, y un sinfín de técnicas (el mero ejercicio de hablar en público) que tanto me han servido en mi vida.

Y así, en cuatro páginas, se podría resumir una trayectoria profesional que ha sido muy fructífera y a la que aún le queda un largo recorrido por delante.

La siguiente contribución es de Juan Ponce, otro compañero que siempre ha estado dispuesto a contar sus experiencias vitales a los futuros profesionales, y aunque está en este apartado de consultor ambiental, como leeréis a continuación, ha hecho muchas más cosas y cabe destacar que lleva ya más de diez años como diputado de Els Verds en el Parlamento de las Cortes Valencianas.

Juan Ponce. Biólogo de pueblo[1]

25 años en el COBCV: Cuando M.ª Àngels Ull me sugirió que escribiera estas líneas pensé lo mismo que las tres o cuatro veces que me ha hecho propuestas en los últimos treinta años: ¡qué honor, intentaré estar a la altura!

Y es que la primera fue en abril de 1995, en la primera Feria de la Ecología y el Medio Ambiente en el Mediterráneo, ECOFIRA, que se celebró en València, cuando colaboraba en un modesto estand de un grupo conservacionista, y M.ª Àngels, que entonces era Directora General de Conservación del Medio Natural de la Generalitat Valenciana, me reconoció, pues había sido mi profesora de Bioquímica años atrás, y tras una interesante charla nada académica, en la que comprobé la sintonía entre nuestros puntos de vista sobre la profesión y otros temas, me propuso formar parte de la Junta de Gobierno de la Delegación en la Comunitat Valenciana del Colegio Oficial

---

[1] Juan Ponce es biólogo de pueblo, consultor ambiental, ecologista de comarca y político local y autonómico, siempre trabajando en defensa del medio ambiente y también de la profesión.

de Biólogos estatal. Tras meditarlo y consultarlo con la almohada acepté; yo estaba iniciando mi andadura de Consultor Ambiental.

Años más tarde, ya en el 2000 se aprobó la Ley de Creación del ya independiente Col·legi Oficial de Biòlegs de la Comunitat Valenciana y M.ª Àngels me sugirió seguir en su equipo para impulsar el nuevo colegio que acabábamos de crear, y claro, acepté; lo mismo que cuando me propuso que fuera el aspirante a tesorero en su candidatura o cuando me propuso ser el tesorero del nuevo Consejo General de Colegios de Biólogos del Estado español, puesto que ocupé casi una década. Acepté siempre pues consideraba que había que arrimar el hombro por la defensa de la profesión para intentar revertir ese corporativismo excluyente y supremacista de otros colectivos, pues cada vez era más consciente de lo necesaria que es nuestra profesión para esta sociedad, y también para las futuras generaciones. Y había que hacerlo tanto aquí como a nivel estatal, dentro del Consejo General del COB pues las particularidades de nuestra tierra y nuestra gente también merecían ser defendidas. Una vez que M.ª Àngels decidió dar un paso atrás tras décadas de tirar del carro colegial, formé parte de los equipos de los decanos Gerardo Urios y Natxo Lacomba, donde desde 2011 he expresado mi intención de dar paso a otras personas una vez inicié mi actividad política a tiempo completo.

Volviendo a principios de siglo, se creó en la Facultad de Ciencias Biológicas de la Universitat de València, tras la propuesta e impulso de M.ª Àngels, una asignatura dedicada a las salidas profesionales de las biólogas y biólogos; en esa asignatura, además de todas las horas lectivas impartidas por ella misma, había varias mesas redondas dedicadas a las principales salidas de nuestra licenciatura: enseñanza, sanidad, investigación y medio ambiente, y a cada mesa redonda invitaba a cuatro profesionales a que contaran allí su trayectoria profesional, desde la carrera hasta encontrar el puesto de trabajo en el que estaban en ese momento. Fui invitado por M.ª Àngels y participé varios años; la verdad es que me parecieron sesiones muy instructivas, y sinceramente un honor poder compartir mesa con algunas de las y los mejores profesionales dedicados al estudio y conservación del medio ambiente en el País Valencià. No citaré nombres para no dejarme a nadie en el tintero.

Y ahora, una larga década más tarde, de nuevo un ofrecimiento que me honra y que hace que cuente por escrito lo que contaba en esas mesas redondas, solo que con una segunda parte que es lo acontecido en mi vida laboral durante la última década.

La carrera: Yo no fui un biólogo vocacional típico, ni de bota ni de bata. Elegí Ciencias Biológicas entre una veintena de carreras científicas, técnicas o sanitarias que me resultaban interesantes y que se podían estudiar en València pues es la ciudad en la que vivía con mis padres y tres hermanos, y al ser, como decía mi padre, «hijo de ferroviario y de ama de casa», la economía familiar no daba para enviar a nadie a estudiar fuera. Analizando los posibles estudios veía que las ingenierías tenían demasiado dibujo técnico y al igual que las físicas y matemáticas demasiado cálculo, las químicas muchísima formulación, veterinaria y geología no se estudiaban en València y medicina ya tenía nota de acceso muy alta. Sin embargo, la zoología, la microbiología, la genética o la ecología me parecían muy interesantes, y todas ellas se estudiaban en Ciencias Biológicas, por lo que la elección fue fácil. ¿Algún problema? La *a priori* escasa salida laboral, pero eso ya se vería en su momento. De momento había que conseguir un título universitario que me abriera puertas en el mundo laboral.

Puesto que hasta cuarto curso no había que elegir especialidad, tendría tiempo a lo largo de tres años y quince asignaturas obligatorias de conocerlas mejor y de poder escoger entre las cuatro especialidades: Zoología, Botánica, Bioquímica y Biología Fundamental, cada una de ellas con seis asignaturas troncales y cuatro optativas. Ya en segundo empecé a decantarme por la genética y la microbiología, por lo que mi especialidad sería Fundamental, o sea, ninguna, pero donde las troncales eran casi todas de mi agrado y podía elegir las microbiologías como optativas. Parecía que iba a ser un biólogo de bata, pero cuando llegué a cuarto, y después de cientos de horas en los laboratorios de todas las asignaturas empecé a replantearme si quería pasar mi vida laboral en un laboratorio o estancia similar, con luz artificial y oliendo a reactivos todo el día. Ya en quinto, con asignaturas como Ecología o Ecología Microbiana me entró el interés por la biología de ecosistemas: me parecía y me sigue pareciendo tan apasionante la composición, estructura y funcionamiento de un bosque como la del interior de un intestino, por poner dos ejemplos extremos. Por aquel entonces consideraba un sueño poco probable trabajar gestionando ecosistemas, o conservación de la biodiversidad, pero eso ya llegaría si tenía que llegar. Destacar que esos años pude también disfrutar de dos de mis pasiones: por un lado, jugué tres años con el Ciencias Rugby Club de los que recuerdo intensos momentos de compañerismo, tanto en el campo como en los terceros tiempos; por otro seguí tocando el bajo eléctrico en diversos grupos de *blues* y *rock* valencianos, llegando a tocar en el teatro romano de Sagunt o a compartir escenario con Johnny Winter.

La mili: Pero cuando debía ir terminando mi carrera universitaria, un adelanto en el plazo para solicitar prórroga al «servicio militar obligatorio» dio con mi nombre en un sorteo, y «suerte» que me tocó la región militar de València (a dos tercios nos tocaba aquí) y pude estar en el Servicio Geográfico del Ejército. Me planteé las otras dos alternativas posibles: cuatro años de cárcel por «insumiso», o al menos dieciocho meses y otros muchos de incertidumbre esperando destino para hacer una «prestación social sustitutoria». Opté por los doce meses tasados de la mili: dos meses de instrucción y diez vendiendo mapas –de esos de 1:50.000 que todos hemos usado en el campo– en el cuartel de la Alameda y algunas semanas haciendo de chófer en aquellos Land Rover 4 × 4 blindados revisando sobre el terreno cada detalle que los vuelos fotografiaban desde el aire y los cartógrafos y delineantes militares pintaban sobre el papel. Lo cierto es que, en contraposición a esas eternas y tediosas guardias de 24 h en el cuartel, disfruté conduciendo muy despacio por lugares recónditos y le cogí gusto a descubrir y contemplar cada palmo del terreno, de nuestros valiosos ecosistemas, en gran medida transformados por muchas generaciones de humanos necesitados de recursos naturales y con toda esa biodiversidad que por doquier iba recuperando el espacio perdido. Nunca olvidaré la primera avutarda que vi y de la que desconocía su tamaño volando pocos metros por encima de nuestro vehículo; impresionante.

Especialización y búsqueda de empleo: Mientras cumplía con esa explotación institucional que era la mili, empecé a completar mi formación con cursos relacionados con la conservación y protección del medio ambiente, así como con prácticas que iniciaran mi rodaje en el apasionante mundo de la gestión medioambiental, imprescindibles, pues nadie contrata a un trabajador sin experiencia.

Ya se había aprobado la ley valenciana de impacto ambiental y se estaba gestando la Cumbre de Río de 1992, que establecería la Convención Marco de las Naciones Unidas sobre Cambio Climático y las conferencias climáticas anuales, la Convención de la lucha contra la desertificación, la Declaración de principios relativos a los bosques, el Convenio sobre la Diversidad Biológica o el Programa 21 y su Plan de acción mundial para promover el desarrollo sostenible del que emanarían las Agendas 21 locales. Todo apuntaba a que cada vez iba a hacer falta más gente trabajando en proteger nuestra biodiversidad, en corregir los impactos ambientales de nuestras actividades y servicios, y formando a la sociedad para reducir a todos los niveles lo que ahora llamamos huella ecológica. Por tanto, realicé cursos de formación en todos estos aspectos a los que por aquel entonces no llegaban los estudios universitarios. Fueron unas mil horas en un máster y diversos cursos, varios de ellos impartidos por el COB y otros por la Universidad, Diputación, etc., y otras mil y pico horas de prácticas entre dos ayuntamientos y una empresa de consultoría topográfica y medioambiental.

Con todo ello adquirí un amplio bagaje en lo que abarca la consultoría medioambiental por lo que estaba listo para lanzarme al mercado laboral. Mientras se convocaban oposiciones, me puse manos a la obra haciendo una búsqueda activa de empleo, pero ¿cómo? Mis últimas prácticas, ya algo remuneradas, las hice en la joven empresa de un amigo de la carrera que junto a otros dos habían creado un gabinete topográfico y de estudios ambientales; y fue este amigo, Gerardo Urios, quien me dio la clave de mi futuro inmediato, dejándome el libro *La venta de sí mismo* (Puchol, 1993). Me resultó muy práctico y productivo el método a usar, tras un análisis de puntos fuertes en mi formación en función del tipo de empresas para las que podía trabajar. Y digo empresas porque en ayuntamientos y otras administraciones habría que esperar a que crearan sus plazas de técnicos de medio ambiente, pues muy pocos las tenían. Uno de ellos era Quart de Poblet, donde había tenido la suerte de hacer prácticas sin remunerar, con el técnico de medio ambiente de tutor, realizando entre otras tareas un pequeño estudio para encontrar suelos aptos para un vertedero y actualizando el mapa acústico del casco urbano recorriéndolo una y otra vez a distintas horas del día equipado con el sonómetro municipal y la bicicleta de un servidor.

También hice prácticas en el Ayuntamiento de Vilamarxant, esta vez sin tutor, realizando un completo estudio que hice con un compañero de máster sobre lo que más tarde sería el primer Paraje Natural Municipal (PNM) de la provincia de València, y también el primero forestal del País Valencià, el PNM de Les Rodanes; se trata de un monte de 600 ha con los principales tipos de rocas, de suelos y de tipos de vegetación valencianos, con su flora y fauna asociada bien conservada, rodeada de actividades y amenazas en medio de la llanura litoral valenciana y a pocos kilómetros de la capital.

Volviendo al método que describe *La venta de sí mismo*, en el que eres vendedor y producto, seleccioné medio centenar de empresas consultoras y de grandes empresas industriales en las que pudiera tener cabida un biólogo ambientalista como yo, y les envié en dos tandas de 25, cartas ligeramente personalizadas junto a mi currículo a las distintas empresas; a la semana de los envíos llamé a cada empresa intentando conseguir una entrevista. El método decía que había que hacerlo hasta llegar a las 1000; si no conseguías un empleo antes deberías replanteártelo. Yo conseguí cuatro entrevistas, todas en consultoras de ingeniería, y en dos de ellas conseguí trabajos para realizar la parte ambiental de sendos proyectos.

Vida laboral: Para una de esas empresas estuve trabajando unos siete años donde estuve bien valorado y renumerado, y de la otra nunca cobré el trabajo realizado. Y a partir de ese momento nunca me faltó el trabajo, casi siempre resultado del boca a boca. Trabajé como consultor medioambiental y como educador ambiental durante tres lustros colaborando con varias consultorías, algunas de compañeros de carrera y en proyectos diversos, y también en ayuntamientos sobre todo en temas de educación y ambiental. También me encargaron tres de peritajes en procesos judiciales.

Pero el aspecto crucial los primeros años fueron las prácticas que me dieron experiencia y recursos para moverme con solvencia en ámbitos diversos y que me abrieron las primeras puertas. Uno de los ayuntamientos donde hice trabajos de educación ambiental fue Vilamarxant, donde me conocían gracias a las prácticas que hice años atrás, hasta que en 1997 sacaron una plaza de coordinador medioambiental para montar un voluntariado ambiental, plaza que conseguí, eso sí a media jornada y durante pocos meses; pero se fue prorrogando año tras año y ampliando los trabajos a la elaboración de informes y manteniendo la educación ambiental en escuelas. También impartí tres cursos de trabajador forestal para la mancomunidad y para la Diputación. Esto fue así hasta 2002, que se declaró el PNM Les Rodanes y me nombraron Director Conservador del PNM, pasando a trabajar a tiempo completo para el Ayuntamiento de Vilamarxant.

En los ocho años siguientes a la realización del estudio integral de Les Rodanes, había puesto en marcha varias de las recomendaciones del estudio: creación de un grupo de voluntarios para su defensa, implementación de un programa de educación ambiental municipal, su declaración e inicio de gestión como espacio natural protegido y elaboración del proyecto de restauración y recuperación ambiental del área del Corral de la Bassa Barreta y la creación del centro de interpretación y arboreto.

También propuse desde el Ayuntamiento la creación de un segundo paraje natural municipal para intentar desviar el trasvase del Ebro de los Montes de la Pea; afortunadamente el trasvase fue derogado, pero esa propuesta de protección puso en valor al paraje que en 2007 pasaría a formar parte del Parc Natural del Túria. Durante esos años seguí compaginando el trabajo en el ayuntamiento con la consultoría ocasionalmente; sin embargo, la deriva especuladora entorno a los parajes naturales locales me llevó a varios desencuentros con los políticos locales hasta que en 2008, y tras un par de años de *mobbing* que acabó con mi mesa tras la fotocopiadora, acabé recuperando mi libertad y de nuevo en el mercado de la consultoría ambiental a tiempo completo; tras muchos años de colaborar con el movimiento ecologista y de intentar conseguir mejoras ambientales en mi Ayuntamiento, había comprendido que toda la política que tú no haces, la hacen contra ti, por lo que fundamos en 2007 la asamblea del partido verde en mi municipio para crear la Coalició Compromís en Vilamarxant junto a EUPV, el Bloc y algunos independientes.

Técnico y activista: De 2008 a 2011 trabajé realizando gestión ambiental industrial, sobre todo en el ámbito de los residuos, y siendo profesor en el curso 2009-2010 de la asignatura de Ecología en Ciencias Ambientales del campus de Gandía de la Universitat Politècnica de València y también de un curso de cuatro meses de jardinería mediterránea en una escuela taller. Impulsé en la Associació Cultural 9 d'Octubre de Vilamarxant, un grupo de voluntarios ambientales que aún funciona, llamado «La 49», que hace estudios diversos en el Parc Natural del Túria, y fui representante de los ecologistas en la primera Junta Rectora del parque natural. En paralelo y también altruistamente colaboré con el colectivo local de Compromís y en la organización de Els Verds Esquerra Ecologista a nivel del País Valencià. Siempre me he creído y he aplicado el axioma ecologista pensamiento global y acción local.

Político a jornada completa. 2011...: A pocos meses de las elecciones autonómicas y locales de mayo de 2011, y resultado de mi implicación durante los años anteriores, fui elegido como alcalde de Compromís per Vilamarxant y como candidato a diputado del partido verde de la Coalició Compromís a Les Corts Valencianes; el candidato verde iba a ser el entonces portavoz de Els Verds Carles Arnal, doctor en Biología y primer diputado verde en Les

Corts (2003-2007), pero dio un paso atrás, me propusieron ser el candidato verde y acepté el reto.

Como estaba previsto, salí elegido concejal y portavoz de Compromís en el Ayuntamiento de Vilamarxant, y contra pronóstico, diputado y portavoz adjunto de mi grupo en el Parlamento Valenciano junto a grandes políticos como Enric Morera, Mónica Oltra, Josep M.ª Pañella, Mireia Mollà y Fran Ferri. Nos convertimos en la tercera fuerza del parlamento cuando las encuestas no nos daban representación, gracias al apoyo de una ciudadanía harta de corrupción y bipartidismo, que solo dos meses antes había explotado con la irrupción del 15M en las principales plazas de todo el Estado.

De golpe iba a ser político 24/365, o sea 24 horas al día y 365 días al año. Esa legislatura fue afortunadamente la última de mayoría absoluta de la derecha en ambas instituciones; y fue duro y triste poder comprobar desde las instituciones cómo se dañaba al pueblo valenciano con malos gobiernos, pero al mismo tiempo satisfactorio poder proponer otra forma de gobernar centrada en las personas y en la sostenibilidad. En Les Corts fui portavoz de mi grupo en las áreas de Medio Ambiente, Ordenación del Territorio, Obras Públicas, Infraestructuras, Gobernación, Emergencias y Administraciones locales. En el Ayuntamiento, pese a estar solo, hice más mociones que las presentadas por el otro grupo de la oposición (con cuatro concejales) y por el grupo del gobierno (con ocho), aprobándose algunas, principalmente aquellas que apostaban por la sostenibilidad, la defensa del territorio y su biodiversidad asociada. Tengo el orgullo de poder afirmar que mi presencia en el Ayuntamiento y en Les Corts influyó decididamente a que se hablara de sostenibilidad desde toda la oposición y a sentar las bases del cambio tan deseado y necesario que ocurriría en 2015. En Vilamarxant formaríamos parte del gobierno en un tripartito local y a nivel autonómico del Govern del Botànic, cambios que acabarían con dieciséis y veinte años de regímenes corruptos que nos llevaron a unos niveles de endeudamiento que seguirán pagando las futuras generaciones.

2015-2019: Destacar de esta legislatura que los verdes tuvimos la responsabilidad de designar a buena parte de los gestores que debían recuperar la maltratada Conselleria de Agricultura, Medio Ambiente, Cambio Climático y Desarrollo Rural, cuyo nuevo nombre indicaba las prioridades que se impulsarían; se mejoraron sustancialmente los presupuestos y hubo cambios de rumbo radicales en áreas como Calidad Ambiental y Cambio Climático,

Medio Natural o Prevención de Incendios, tres direcciones generales tuteladas por prestigiosos biólogos; como también fue biólogo el asesor general de la consellera. Yo seguí de portavoz adjunto en Les Corts Valencianes apoyando la acción del primer Consell del Botànic, que tuvo como prioridad recuperar los servicios sociales públicos de calidad y la dignidad del pueblo valenciano. En Les Corts en esta legislatura todo cambió: yo fui vicepresidente de la Comisión de Investigación del Accidente de Metrovalencia del 3 de julio de 2006, comisión que se creó en 2015, que había sido vetada desde 2006 y que supuso la primera reparación de la nueva etapa; participé entre otras en la modificación de leyes tan importantes para la sostenibilidad ambiental como la Ley Forestal o la Ley de Ordenación del Territorio, Urbanismo y Paisaje. He de destacar que en esta legislatura impulsé la presencia del COBCV hasta cinco veces en Les Corts, tanto en los procesos de participación de ambas leyes y en la Ley de Mediación, así como en sendas comisiones creadas para combatir la contaminación de acuíferos y para definir el modelo de gestión hídrica en el escenario de cambio climático.

2019...: En 2019 volví a presentarme y a salir elegido diputado; fui el presidente de la Comisión de Medio Ambiente, Agua y Ordenación del Territorio y seguí siendo portavoz adjunto de Compromís en Les Corts y por tanto apoyando al segundo Consell del Botànic, que fijó como primer eje de su acción de gobierno la Transición Ecológica Justa. Nuevas leyes se aprobaron hasta 2023, entre otras muchas, la de Economía Circular o la de Cambio Climático, en las que también participaron activamente miembros del COBCV, así como en la Comisión Especial de Estudio de las medidas de prevención de riesgos derivados de fuertes temporales, comisión en la que fui vicepresidente y coportavoz de mi grupo parlamentario.

Pero la pandemia del coronavirus ha hecho que esta legislatura, la de la Emergencia Climática que fue decretada a final de verano de 2019, fuera también la de la emergencia sanitaria y social; también aportó el COBCV su granito de arena en la Comisión de Reconstrucción (poscoronavirus) de Les Corts Valencianes dejando claros dos aspectos: tanto la conexión entre esta y otras epidemias con la destrucción de ecosistemas y la pérdida de biodiversidad, como que el papel de las y los profesionales de la biología debía ser mayor en la prevención de nuevas pandemias y en la lucha contra las mismas.

Quedan muchísimas cosas por hacer, pues la sociedad siempre va por delante de los gobiernos, y los que desde el activismo trabajábamos para que los cambios fueran más rápidos podemos comprobar que los mecanismos democráticos son lentos, en muchos casos para asegurar que esos procesos tienen todas las garantías democráticas.

Pero, eso sí, estoy convencido de que es necesaria la implicación de la sociedad en los temas políticos, y a todos los niveles; en mi caso, la impotencia como ciudadano o como técnico municipal ante agresiones, perpetradas o futuras, me convenció de que había que implicarse a otros niveles, y aunque los cambios sean lentos creo que, como he resumido, el balance es positivo a favor de la sostenibilidad ambiental.

He tenido la suerte de participar en una etapa política histórica, apasionante, compartiendo proyecto político con personas fantásticas y diversas, y pudiendo aportar mi granito de arena al desmoronamiento de un régimen corrupto construido durante veinte años y a que la sociedad valenciana dijera basta a la corrupción y al bipartidismo, y votara por gobiernos plurales progresistas.

Eso sí, ese joven atraído por la biología en los años 80 y que en los 90 decidiera dedicarse profesionalmente a la conservación del medio ambiente –todo hay que decirlo, influenciado y apoyado desde los 90 por Neri, mi pareja con la que comparto proyecto de vida y una hija maravillosa– no ha cambiado de objetivo, pues todas las decisiones meditadas y elegidas libremente te llevan a marcar y recorrer tu camino vital y a disfrutar cada paso que das. Por tanto, satisfecho con las elecciones que he ido tomando y con el trabajo que he ido haciendo a lo largo de mi trayectoria.

3.2 GESTIÓN DE ESPACIOS NATURALES

De acuerdo con la Ley 42/2007, del Patrimonio Natural y la Biodiversidad, tienen la consideración de espacios naturales protegidos aquellos espacios del territorio nacional, incluidas las aguas continentales y las aguas marítimas bajo soberanía o jurisdicción nacional, incluidas la zona económica exclusiva y la plataforma continental, que cumplan al menos uno de los requisitos siguientes y sean declarados como tales:

- Contener sistemas o elementos naturales representativos, singulares, frágiles, amenazados o de especial interés ecológico, científico, paisajístico, geológico o educativo.

– Estar dedicados especialmente a la protección y el mantenimiento de la diversidad biológica, de la geodiversidad y de los recursos naturales y culturales asociados.

En el artículo 30 de la mencionada Ley 42/2007 se dispone que, en función de los bienes y valores que proteger y de los objetivos de gestión que cumplir, los espacios naturales protegidos, ya sean terrestres o marinos, se clasifican en cinco categorías básicas de ámbito estatal: parques, reservas naturales, áreas marinas protegidas, monumentos naturales y paisajes protegidos. Sin embargo, dado que la mayoría de las comunidades autónomas han desarrollado legislación propia sobre espacios protegidos, existen en la actualidad en España más de cuarenta denominaciones distintas para designar los espacios naturales protegidos.

Y además hay que considerar aquellas áreas protegidas por instrumentos internacionales, que vienen recogidas en el artículo 50 de la citada ley, que especifica:

> Tendrán la consideración de áreas protegidas por instrumentos internacionales todos aquellos espacios naturales que sean formalmente designados de conformidad con lo dispuesto en los Convenios y Acuerdos internacionales de los que sea parte España y, en particular, los siguientes:
>
> *a*) Los humedales de Importancia Internacional, del Convenio relativo a los Humedales de Importancia Internacional especialmente como Hábitat de Aves Acuáticas.
>
> *b*) Los sitios naturales de la Lista del Patrimonio Mundial, de la Convención sobre la Protección del Patrimonio Mundial, Cultural y Natural.
>
> *c*) Las áreas protegidas, del Convenio para la protección del medio ambiente marino del Atlántico del nordeste (OSPAR).
>
> *d*) Las Zonas Especialmente Protegidas de Importancia para el Mediterráneo (ZEPIM), del Convenio para la protección del medio marino y de la región costera del Mediterráneo.
>
> *e*) Los Geoparques, declarados por la UNESCO.
>
> *f*) Las Reservas de la Biosfera, declaradas por la UNESCO.
>
> *g*) Las Reservas biogenéticas del Consejo de Europa.

Como ya mencionamos en el capítulo 1, entre las funciones de la profesión recogidas en el artículo 15 de los Estatutos del COB y que luego fueron recogidas en los Estatutos del COBCV en el artículo 16, que quedan reflejadas en los apartados n y ñ, se encuentran:

n) Evaluación ecológica y trabajos de planificación y gestión aplicados a la conservación de la naturaleza y a la ordenación del territorio.

ñ) Dirección y gestión de espacios naturales protegidos.

Y no olvidemos el apartado *a*): Estudio, identificación y clasificación de los organismos vivos, así como sus restos y señales de su actividad.

Todos ellos están directamente relacionados con la gestión de espacios naturales y, como puede verse en lo citado más arriba del contenido de la Ley 42 de 2007 de Patrimonio Natural y Biodiversidad, tenemos mucho que hacer en este apartado.

Si alguien quiere dedicarse a estos temas tiene la posibilidad de hacer un máster, el más antiguo y reconocido es el Máster en Espacios Naturales Protegidos, que está convocado de forma conjunta por tres universidades españolas con amplia experiencia en el campo ambiental, la Universidad Autónoma de Madrid, la Universidad Complutense y la Universidad de Alcalá, a través de la Fundación Fernando González Bernáldez y en colaboración con EUROPARC-España. Este máster viene impartiéndose con éxito y de forma ininterrumpida desde 2001.

En la Comunitat Valenciana, a propuesta del COBCV, se ofertó un curso de posgrado en la Universitat de València (ADEIT), Protección, conservación y manejo de espacios naturales protegidos, del que se impartieron tres ediciones y contamos con profesorado que también impartía clases citado máster, además de muchos técnicos del área de Espacios Naturales de la Conselleria de Medio Ambiente, la mayoría biólogos/as.

En la página web de la actual Conselleria de Agricultura, Desarrollo Rural, Emergencia Climática y Transición Ecológica, se puede encontrar amplia información sobre los tipos de espacios naturales protegidos, la Red Natura 2000 y todo lo relacionado con ello. También puede ayudar a conocer sobre este tema consultar EUROPARC-España.

EUROPARC-España es, desde 1993, el principal foro profesional de las áreas protegidas en España, donde se discuten y elaboran propuestas para la mejora de los espacios naturales. Participa activamente en la Federación EUROPARC, organización paneuropea creada en 1973 y que reúne a instituciones de 39 países dedicadas a la gestión de áreas protegidas y a la defensa de la naturaleza.

La gestión de espacios naturales protegidos y de los hábitats de las diferentes especies de flora y fauna requiere saber de planes rectores de uso y gestión (PRUG), de planes de ordenación de los recursos naturales (PORN), de planes de manejo de especies amenazadas de flora y fauna y de un largo etcétera. Así mismo, cabe mencionar el primer Catálogo Nacional de Especies Amenazadas, que desarrolla la Ley 4/89 y se publica en 1990.

Para hablarnos sobre estos temas y en qué trabajan los biólogos que se dedican a ellos siempre contamos en los cursos con la experiencia de Natxo Lacomba, por entonces técnico de espacios naturales de la Conselleria y que también ha sido decano del COBCV en años anteriores, con una vida intensa en la que ha tocado muchos palos, como podréis leer.

Mi profesión, mi vida, Natxo Lacomba Andueza

Como la gran mayoría de mis colegas, soy biólogo por vocación; desde pequeño lo que más me interesaba eran «los bichos» y, por fortuna, esa era una afición que en mi casa se compartía y alentaba. Recuerdo ver los programas de «Félix» junto a mi padre, que, una y otra vez, siempre accedía a comprarme ese nuevo libro de animales que aparecía en la librería del barrio.

La carrera y el trabajo de campo

Nací en Donosti en 1958 y estudié Biología en València entre 1975 y 1980 (¡el siglo pasado!), donde cursé, cómo no, la especialidad de Zoología; eran tiempos convulsos en los que mi generación estaba casi unánimemente comprometida en apoyar la desaparición de la dictadura y expresaba sus ansias de libertad y de democracia en manifestaciones, encierros y asambleas que, si bien nos aportaron una imprescindible conciencia social y política, también nos apartaron de la actividad normal en unas aulas que se vieron privadas de docencia durante los largos meses de encierro estudiantil, tanto en primero como en segundo curso, en el campus de Blasco Ibáñez.

Ya en tercero inauguramos el nuevo Campus de Burjassot donde la vetusta Facultad de Ciencias fructificó en las cuatro facultades de ciencias básicas para responder a una creciente demanda a la que se venía dando respuesta en aulas prefabricadas e instalaciones prestadas o provisionales. Allí conocí a los que después serían mis compañeros de experiencias y conocimientos durante todo nuestro desarrollo profesional; nuestro común interés por el medio natural fraguó en un equipo compacto y lo mismo ayudábamos a doctorandos de zoología poniendo trampas para pequeños mamíferos en los naranjales de Sagunto, como hacíamos los primeros censos de buitres en la provincia de Teruel, de aves acuáticas en los marjales valencianos o trabajábamos en los primeros censos nacionales de nutria. De ese modo nos familiarizamos con el trabajo de campo, una pasión compartida, y aprendimos de colegas que llevaron adelante estudios entonces pioneros; participamos también en los estudios previos que desembocaron en la declaración del Parc Natural de l'Albufera tras la paralización de aquel plan de urbanización que perseguía la privatización del monte público de la Devesa del Saler y cuyo desarrollo frustró una inusitada iniciativa ciudadana liderada por los pioneros del ecologismo valenciano que se hizo popular bajo el lema de «El Saler per al poble».

Porque además del conocimiento también nos inquietaba profundamente la conservación del medio natural y del territorio, y junto a otros colegas más veteranos y relacionados en el mundillo, participamos en la forja del que resultó ser uno de los dos grupos ecologistas valencianos que terminaron fusionándose pocos años después: Acció Ecologista-Agró. La Casa Verda era el cuartel del activismo ecologista de nuestra ciudad y allí se preparaban y documentaban acciones y campañas entre las que recuerdo con especial cariño las de defensa de los humedales costeros, hoy catalogados y legalmente protegidos (aún nos tocó ir a juicio por encadenarnos a las máquinas del antiguo IRYDA que se afanaban en la desecación y transformación de los marjales de Xeresa y Pego/Oliva).

La tesis doctoral y los azares del destino

En uno de aquellos trabajos de colaboración en los que participábamos, concretamente en la excavación del yacimiento del Cerro de la Cruz, en Buñol, buscando restos fósiles de grandes mamíferos, me interesé por la presencia de fósiles de pequeños vertebrados, roedores e insectívoros. No habíamos tenido hasta ese momento contacto con excavaciones paleontológicas y Margarita Belinchón, para cuya tesis doctoral extraíamos aquellas piezas espectaculares, me contó que conocía en la Complutense a una profesora experta en micromamíferos fósiles, Nieves López. Me puse en contacto con ella y me pasó la referencia de unos colegas suyos, geólogos holandeses dedicados a la paleontología, que visitaban nuestro país año tras años en sus trabajos de bioestratigrafía.

Les escribí una carta en mi precario inglés y Remmert Daams (que terminaría siendo mi director de tesis) me contestó en español y me sugirió visitarles el próximo verano en Daroca, donde estarían atareados con sus excavaciones. Al regreso de una visita a las sierras de la Estrella y la Culebra, pasamos por Daroca con mi flamante Land Rover 109 de segunda mano y el tándem Daams-Freudenthal me invitó a echarles una mano en el trabajo de campo. Nunca hubiera imaginado que ese sería el principio de una larga y productiva amistad. A esa excavación le siguieron muchas otras por diversas cuencas españolas, una propuesta de tesis, una beca de intercambio en Gröningen y la lectura de mi tesis doctoral en la Universidad Complutense de Madrid en 1987; me recorrí el país trabajando en numerosos proyectos de investigación que daban lugar a participaciones en congresos y publicaciones en revistas nacionales e internacionales.

En ese punto, con mi futuro aún por definir, me llegó una propuesta de trabajo de la Agencia de Medio Ambiente de la Generalitat Valenciana, recién creada a partir del Gabinete de Ordenación del Territorio de la Conselleria de Obras Públicas, Urbanismo y Transportes; nos entrevistó su director, el geólogo Carlos Auernheimer, y entramos a trabajar al nuevo órgano ambiental valenciano cargados de ilusión y expectativas. Estaba todo por hacer y desde allí se gestaron las primeras normas propias, como la Ley Valenciana de Impacto Ambiental, y se declararon los primeros parques naturales de nuestra comunidad: el Montgó, el Penyal d'Ifach, la Font Roja y, cómo no, el Parc Natural de l'Albufera, a cuyo servicio trabajé como técnico durante seis años.

La Agencia pronto se convirtió en la Conselleria de Medio Ambiente y se fusionaron competencias y servicios que hasta entonces detentaba la Conselleria de Agricultura; la gestión forestal, la caza y la pesca y la conservación de la biodiversidad. Planificación, ordenación y gestión para la conservación eran los ejes de nuestro trabajo, desde la redacción de planes de ordenación de recursos naturales o de uso y gestión de espacios protegidos hasta la redacción de catálogos y planes de conservación de especies.

Se pusieron en marcha los primeros proyectos de restauración de humedales, como el del Racó de l'Olla o el del Marjal dels Moros, al que continuaría ligado durante más de veinte años, y se presentaron también los primeros proyectos de financiación comunitaria destinados a conservación de especies amenazadas, algunas tan emblemáticas como el *samaruc*.

A finales de los 90, tuve la oportunidad y satisfacción de trabajar junto a algunos de los mejores profesionales de la herpetología española en la edición de una guía de los anfibios y reptiles de España y ya a punto de acabar la década, el destino, junto al apoyo de uno de mis mejores colegas de profesión, me llevaron a la que probablemente fue la más rica experiencia profesional que he tenido.

Uruguay y los bañados del Este

A finales de 1999 tuve la oportunidad de presentarme y ser seleccionado para un puesto de coordinador de un proyecto de conservación y desarrollo de la Reserva de Biosfera de Bañados del Este, en la costa atlántica de Uruguay, que financiaba la Unión Europea y administraba el PNUD. Con mi familia me trasladé al hermoso *Paisito*, y fue allí donde disfrutamos una de las etapas que con más cariño seguimos recordando Carmen y yo de nuestras vidas. La naturalidad y belleza de sus paisajes, junto con la entrañable acogida y amistad de su gente, cautivó nuestro corazón de forma indeleble y no pasa un día en el que no recordemos con cariño y cierta nostalgia a nuestra familia rochense.

PROBIDES, nombre del proyecto que desarrollaba su actividad de estudio y conservación en torno a aquella inmensa reserva, tenía su sede en Rocha, capital del departamento que atesora alguna de las más extraordinarias bellezas naturales del Uruguay: playas oceánicas entre cabos graníticos frente a los que desfilan las ballenas francas en sus migraciones, islas habitadas por colonias de lobos marinos y uno de los mejores escenarios que conozco para observar aves de toda índole, tanto en sus praderas como en sus bañados. Un envidiable rosario de lagunas costeras, la más pequeña del tamaño de la Albufera y la más grande como veinte veces el parque natural, fronteriza con Brasil, con barras arenosas dinámicas que se abren o cierran en función de la intensidad de unas precipitaciones que, casi sin darse uno cuenta aumentan el tamaño de las lagunas en miles de hectáreas y convierten el paisaje antes transitable (aunque fuera a caballo) en un marjal sin límites. Un paraíso en el que observar una nutrida fauna, desde carpinchos o lobitos de río (nuestras nutrias) hasta una extraordinaria diversidad de aves, anfibios y reptiles.

El proyecto nos permitió trabajar con un amplio y comprometido grupo de profesionales de muy diversas disciplinas, siempre dispuestos a debatir en torno a un mate que circulaba entre los asistentes mientras se alcanzaba (o no) un acuerdo. Recuerdo en particular el proyecto de gestión costera, en el que se promovió un foro abierto a la participación de todos los sectores implicados, desde los ministerios, las intendencias (nuestros ayuntamientos), el sector privado o la sociedad civil, tanto comunidades vecinales como ONG. Allí se gestaron acuerdos para aprobar una ordenanza costera que puso en marcha una propuesta de ordenación de un tramo de costa natural de más de 180 km, un plan basado en la protección y conservación de sus extraordinarios espacios naturales.

Regreso a los espacios naturales valencianos
Iniciado el nuevo milenio se consiguieron en la Conselleria de Medio Ambiente nuevos proyectos LIFE para la conservación de hábitats y especies en el marco de la Red Natura 2000, la mayor apuesta europea para conservar *in situ* la biodiversidad comunitaria. El LIFE-Anfibios tuvo por objeto la restauración de las distintas tipologías de charcas, unos hábitats de limitada extensión, pero de extraordinario valor e interés biogeográfico, que iban desapareciendo progresivamente tras perder su secular uso pecuario en un territorio en constante transformación. El trabajo de campo nos permitió visitar multitud de manantiales, navajos y estanques temporales y en los que en ocasiones descubrimos la presencia de crustáceos relictos de la mano de la insigne Rosa Miracle; al tiempo, se consolidaba la protección de estos pequeños humedales en los que al amparo de la noche se daban cita concentraciones cuantiosas de anfibios cuyos cantos se dejaban oír a kilómetros de distancia. Uno de los resultados del proyecto fue la edición de un manual de restauración de charcas disponible en la web.

En el caso del LIFE-Trachemys pudimos constatar la irreversible expansión de los galápagos exóticos, especialmente el de orejas rojas, fruto del comercio de mascotas y de su tenencia irresponsable; algo particularmente grave en el caso de nuestros marjales costeros, últimos refugios de algunas especies tan amenazadas como el galápago europeo, para cuya supervivencia la invasión de aquellos parientes norteamericanos comportaría un revés quizás definitivo. También en este caso hay un manual disponible en la web.

Las tareas de gestión de humedales para la conservación de su flora y fauna, catalogada junto a mis compañeros y compañeras del Centro de El Palmar, se alternaban con las de conservación de hábitats de los espacios naturales de la Red Natura 2000, donde un equipo técnico configurado por siete brigadas móviles se afanaba sobre el terreno para promover su buen estado de conservación. Nunca dejé de aprender al lado de unas personas con tanto oficio como compromiso con la conservación de nuestro medio natural; vaya desde aquí mi más sincero agradecimiento.

València, una ciudad del siglo XXI

Ya en 2018 me encontré con una propuesta para hacerme cargo del servicio de cambio climático en el Ayuntamiento de València. En un primer momento me pareció que debía declinar esa oferta, que lo mío siempre había sido el medio natural; tras pensarlo un poco más, decidí aceptar el reto aun a riesgo de tener que arrepentirme.

Nada más lejos de la realidad. Nuevas relaciones profesionales, nuevos proyectos, temas de estudio y de gestión, nuevas compañías y entidades que se revelaron tan atractivas como emocionantes. La puesta en marcha de un plan clima y de su hoja de ruta para la ciudad, alianzas y proyectos en los que compartir experiencias y soluciones frente a los riesgos de la emergencia climática con otras ciudades europeas. Compartir tareas junto a equipos como los de València Clima y Energía o Las Naves me han ayudado a seguir creciendo humana y profesionalmente, siempre al servicio de la ciudadanía valenciana.

Siempre en el área de Ecología Urbana, a finales de 2020 me hice cargo del servicio de jardinería sostenible, un formidable equipo de profesionales que llevaba a cabo día tras día la gestión de los espacios verdes urbanos de la ciudad; el objetivo era transitar hacia un nuevo modelo que favoreciera los procesos ecosistémicos y la funcionalidad del sistema con perspectiva metropolitana, en aras de la recuperación de los servicios ambientales, valiosos activos frente al cambio climático y el bienestar y la calidad de vida de la ciudadanía. Bajo estos postulados se redactó y aprobó el Plan Verde y de la Biodiversidad, el nuevo instrumento para la ordenación y gestión de la infraestructura verde de València (también disponible en la web), su conectividad y la recuperación de la biodiversidad urbana.

En un ejercicio de coordinación y audacia se decidió en 2022 presentar una candidatura a la capitalidad verde europea, una iniciativa de la Comisión Europea destinada a recompensar los esfuerzos de las ciudades en materia de sostenibilidad urbana. València, tras cumplimentar una serie de doce indicadores mediante datos de buenas prácticas y resultados, se alzó con el galardón; sería la próxima Capital Verde Europea 2024, la primera ciudad mediterránea en alcanzar este reconocimiento y convertirse así en modelo para las ciudades de Europa.

Cada vez más, el desempeño profesional exige, además de formación, empatía y capacidad de liderazgo y de trabajo en equipo; las ciencias de la vida nos acercan a los sistemas complejos y nos permiten mirar tanto a nuestro alrededor, como a nuestro propio interior con humildad, con curiosidad, sin prejuicios, sin tabúes.

3.3 Reproducción de especies. Planes de recuperación

Siempre es importante conocer los marcos jurídicos en los que se mueve la conservación. En nuestro caso, actualmente contamos con el Decreto 32/2004, de 27 de febrero, del Consell de la Generalitat, por el que se crea y regula el Catálogo Valenciano de Especies de Fauna Amenazadas y se establecen categorías y normas para su protección, así como de una muy reciente Orden 2/2022, de 16 de febrero, de la Conselleria de Agricultura, Desarrollo Rural, Emergencia Climática y Transición Ecológica, por la que se actualizan los listados valencianos de especies protegidas de flora y fauna.

Muy relacionada con la conservación está la reproducción de especies, sobre todo la de las que están en peligro de extinción. En la Comunidad Valenciana tenemos algunos ejemplos de programas de este tipo, que han contado con subvenciones de la Unión Europea y han salvado de la extinción a varias especies autóctonas, como, por ejemplo, los peces ciprinodontiformes *samaruc* (Valencia hispánica) y *fartet* (*Aphanius iberus*). El Plan de Recuperación del Samaruc en la Comunitat Valenciana se aprobó por decreto del Consell en 2004, está editado por la Conselleria de Agricultura y se puede consultar en su página web, al igual que el del *fartet*, que se aprobó en 2007.

Otros ejemplos de especies amenazadas con planes de recuperación en la Comunitat Valenciana son la cerceta pardilla (*Marmaronetta angustirostris*), el aguilucho lagunero occidental (*Circus aeruginosus*), la gaviota corsa o gaviota de Audouini (*Larus audouini*), los murciélagos ratoneros patudos (*Myotis capaccinii*) y medianos de herradura (*Rhinolophus mehelyi*).

También hay que señalar los planes de recuperación de especies de flora en peligro de extinción, como *Cystus heterophyllus*, *Limonium perplexum* y *Silene hifaciensis*, aprobados en 2015, así como una iniciativa pionera, la creación de una red de microrreservas de flora, que supone ya veinticinco años de conservación de flora en la Comunitat Valenciana. Ha recibido el soporte de la UE y muchos reconocimientos, a pesar de las reticencias de algunos botánicos, que temían que señalar los lugares donde hay flora que conservar pudiera ser un peligro para esa misma flora, por falta de respeto de la ciudadanía, cosa que no ha ocurrido.

Y en este sentido no puedo dejar de mencionar el enorme trabajo desarrollado por los técnicos del área de medio ambiente, la mayoría biólogos y biólogas, que han sido el motor de esta conservación desde los primeros tiempos de gestión autonómica, en aquella Agencia de Medio Ambiente que fue el embrión de la primera Conselleria de Medio Ambiente, junto con las transferencias recibidas del área de agricultura del antiguo ICONA. Todos ellos han auspiciado y mantenido esos programas de conservación y gestión, fuera cual fuera el partido político de turno, porque ha habido varios cambios, pero la gestión ha continuado gracias a estos profesionales y su buen hacer a lo largo de más de treinta años. Del antiguo ICONA se heredó una granja de perdices u otras especies cinegéticas ¡en pleno parque natural de la Albufera!, que fue el primer parque natural declarado en la Comunitat Valenciana, en al año 1986. Esa granja se transformó en 1988 en el Centro de Estudio y Recuperación de Especies Amenazadas y, como nunca se ha conseguido que se le dejara de llamar la granja, se optó por dejarlo en Centro de Recuperación de fauna La Granja de El Saler. Este centro ha funcionado realmente en la recuperación de fauna, bajo la dirección durante muchos años del técnico de la Conselleria y biólogo Juan Antonio Gómez. Se pueden consultar los balances de actividades de cada año en la página web de la Conselleria, donde encontraréis mucha información de todos los programas que se desarrollan. Muchos biólogos/as han podido hacer sus prácticas en empresa en este centro. Además, existen otros dos centros de recuperación de fauna, uno en Forn del Vidre en Castelló y otro en la Santa Faz en Alicante. Lo mismo ocurrió con la antigua piscifactoría de El Palmar, transformada en Centro de Investigación Piscícola de El Palmar, donde se ha trabajado en la recuperación y reintroducción de *samaruc, fartet* y otras especies piscícolas endémicas en peligro, así como con bivalvos dulceacuícolas y flora acuática.

Un compañero que ha trabajado, entre otros, en este tema y que siempre contamos con él para las charlas es Vicente Sancho.

Vicente Sancho. Un biólogo de bota

Como tantos otros biólogos de mi generación y de otras anteriores y posteriores, la influencia de grandes comunicadores como Jacques-Yves Cousteau, David Attenborough, Carl Sagan y, sobre todo, Félix Rodríguez de la Fuente hizo que me apasionase desde muy pequeño por el conocimiento de la naturaleza. Ellos sí que eran *influencers*.

«La vieja tronca de la gineta», «El buitre sabio», «La operación anaconda», «El pirata de la espesura» y tantos otros capítulos de *El hombre y la Tierra* me decidieron, desde que era niño, a hacerme biólogo.

Así, en 1988 comencé la carrera de Ciencias Biológicas en la Universitat de València, aunque algunas asignaturas no me motivaban; yo quería estudiar a los animales y a la naturaleza, lo demás no me interesaba demasiado. Ahora, visto con distancia, reconozco que todas las asignaturas tienen su sentido y ayudan a formar el espíritu, la forma de pensar y la esencia de todo biólogo, con materias que van desde los organismos más pequeños hasta los ecosistemas más complejos. Los biólogos tenemos así una formación muy amplia que nos permite ver el mundo que nos rodea desde una perspectiva distinta a la de otras disciplinas científicas.

El primer año de carrera un grupo de amigos y compañeros de la Facultad formamos una asociación naturalista llamada Roncadell, cuya principal motivación era la observación y conservación de la flora y de la fauna. Algunos días, antes de entrar a clase, decidíamos irnos al campo. Sin querer hacer apología del absentismo, esas excursiones nos enseñaron mucho más que horas y horas de clase, aunque solo sobre una parte de la biología, claro.

Todos los fines de semana nos juntábamos de nuevo para salir al campo y conocer especies, rincones y paisajes que teníamos más o menos cercanos. Cada uno de nosotros se había ido especializando en una materia: plantas en general y orquídeas en particular, huellas y rastros de mamíferos, aves, insectos, estrellas y mi campo eran los anfibios y reptiles, el grupo de vertebrados que más me ha atraído desde siempre. De este modo, cada uno enseñaba lo que sabía a los demás y fuimos aprendiendo un poco de todo, formando nuestra propia escuela de biología de campo, una vertiente que por otra parte escaseaba en la carrera.

En este punto quiero recordar con cariño a Merche Fernández, que nos dejó hace poco, y que, junto a Javier Aznar, inyectaron un soplo de aire fresco cuando entraron a la Facultad a impartir las prácticas de Zoología. Por fin en la carrera había algo parecido a lo que más me gustaba.

En el ámbito de nuestra asociación naturalista desarrollamos estudios que fueron subvencionados en parte por la Generalitat Valenciana. El primero fue en 1991: «Mortalidad de Vertebrados en Carreteras del Parque Natural de l'Albufera, la problemática de la VP-1041», en el que recorrimos durante meses la carretera de El Saler, buscando animales atropellados con el fin de dar a conocer este impacto y proponer medidas correctoras, o el «Seguimiento de la Avifauna en la Reserva del Racó de l'Olla. Parque Natural de L'Albufera. Valencia. Bases para su gestión». En 1992 coordiné el estudio «Aportaciones al conocimiento del estatus del galápago leproso y del galápago europeo en la provincia de Valencia», que en 1994 fue premiado en el concurso de estudios sobre agroentorno, en el apartado Conservación de Espacios Naturales, organizado por Bancaixa.

Entre tanto seguía yendo a la facultad, pero dedicaba más tiempo a los trabajos que teníamos entre manos. Uno de ellos fue, entre 1992 y 1995, el *Atlas de Anfibios y Reptiles de la Comunitat Valenciana*, en el que, además de muchos días de muestreos de campo, recopilé miles de citas de más de un centenar de colaboradores. Para organizar el *Atlas* contacté con Natxo Lacomba, un biólogo que trabajaba en la Agència del Medi Ambient, embrión de la posterior Conselleria de Medi Ambient. Confió en mí desde el principio y desde entonces no solo hemos formado un equipo, sino que somos grandes amigos. De él he aprendido tantas cosas que nunca se lo podré agradecer lo suficiente; además, hemos desarrollado juntos muchos proyectos, algunos de los cuales relato más adelante.

En 1996 hice un esfuerzo y acabé todas las asignaturas que me faltaban –un tercio de la carrera– para conseguir por fin el título de biólogo. A partir de ahí empecé a trabajar como profesional autónomo en el ámbito de la consultoría ambiental, en la redacción de estudios de impacto ambiental, gestión del territorio, afecciones sobre fauna y flora, restauración ambiental, etc.

En esa época llevé a cabo para la Conselleria el proyecto «Conservación de Herpetos y Puntos de agua», en el que redacté los planes de conservación del galápago europeo, el galápago leproso, el gallipato y el sapo de espuelas, además del «Inventario de Puntos de agua de interés para la conservación de la biodiversidad», y más tarde el «Plan de acción para la recuperación el cangrejo de río autóctono». Entraba así en el campo de la biología aplicada a la conservación y estos proyectos fueron el germen de otros más ambiciosos que elaboramos posteriormente.

Natxo y yo publicamos en 1999 el *Atlas de Anfibios y Reptiles de la Comunitat Valenciana* y, por una serie de afortunadas coincidencias, la *Guía de Anfibios y Reptiles de la península Ibérica, Baleares y Canarias*, de la editorial GeoPlaneta, junto con otros herpetólogos españoles de primera línea.

Ese mismo año fundé con un amigo la consultora ambiental Maná Medio Ambiente, con la que diseñamos varios proyectos de restauración, reforestación, integración paisajística, etc., la cual dejé dos años más tarde para seguir como autónomo y continuar con proyectos de seguimiento y conservación de anfibios, reptiles y cangrejos de río. En 2005, algunos amigos de la asociación Roncadell fundamos otra empresa, la consultora Càdec, Taller de Gestió Ambiental, especializada en trabajos de flora y fauna y en estudios de impacto ambiental.

En 2005 Natxo y yo organizamos en València un congreso internacional sobre el galápago europeo, el *4th International Symposium on Emys orbicularis*, con participantes de toda Europa y norte de África. Después de más de diez años de haber acabado la carrera me animé a cursar el programa de doctorado de Biodiversidad y Biología Evolutiva de la UV, que me llevó a obtener el Diploma de Estudios Avanzados en 2007, con la lectura del trabajo de investigación *Morfología y estructura de las poblaciones de galápago europeo (*Emys orbicularis*) en la Comunitat Valenciana*.

Fruto de los trabajos relacionados con puntos de agua y herpetofauna, redacté y dirigí, junto con Natxo Lacomba, un proyecto LIFE de conservación de charcas y anfibios, cofinanciado por la Unión Europea y la Generalitat Valenciana entre 2006 y 2009, con el que restauramos más de cien charcas y creamos un manual de restauración de puntos de agua. Además, organizamos el *3rd European Pond Conservation Network Workshop*, un congreso internacional sobre estudio y conservación de charcas.

A la investigación sobre galápagos le seguí dedicando parte de mi tiempo con censos poblacionales en diversas zonas húmedas, y entre 2011 y 2014 dirigí otro proyecto LIFE cofinanciado también por la Unión Europea y la Generalitat Valenciana, junto con varias entidades portuguesas, sobre conservación de galápagos y para el control y erradicación de especies invasoras. En el marco de este proyecto organizamos el *Symposium on freshwater turtles conservation* en Oporto, con participantes de todo el mundo.

En 2013, el tándem Lacomba y Sancho recibimos el Premio Honorífico EDC NATURA al Estudio de la Naturaleza, en reconocimiento al trabajo realizado sobre la herpetofauna de la Comunitat Valenciana, otorgado por la Fundación EDC Natura. Ese mismo año entré a formar parte de la Junta de Gobierno del COBCV durante dos mandatos con Natxo Lacomba como decano y continué más tarde, con Francisco J. Espinós como decano, con un total de tres mandatos como secretario, cargo en el que sigo hasta la fecha.

Más tarde me incorporé a la consultora Càdec donde trabajé en censos de murciélagos, en Menorca, Canarias, Aragón, Comunitat Valenciana y Andalucía, educación ambiental y responsabilidad social corporativa, impacto ambiental, restauración ambiental, seguimientos de avifauna y un largo etcétera.

Con mi experiencia en la conservación del galápago europeo, en 2016 fui director técnico del «Estudio de las poblaciones de galápago europeo (*Emys orbicularis*) en 4 poblaciones de la Reserva de la Biosfera de Menorca», y entre 2016-2018, director técnico del Plan de Recuperación del galápago europeo en Galicia; he dirigido un trabajo de fin de máster sobre anfibios de la Universitat d'Alacant, otro sobre el galápago europeo de la Universidad de Salamanca y un trabajo de fin de grado sobre galápagos invasores de la Universidad de Zaragoza.

En los años 2019 y 2020 coordiné el proyecto de la Generalitat Valenciana «Actuaciones urgentes para la reintroducción y recuperación de grandes rapaces extinguidas en la Comunitat Valenciana» en la reintroducción del quebrantahuesos en la Tinença de Benifassà y del águila pescadora en el marjal de Pego-Oliva, así como en la mejora del hábitat para la eventual llegada del águila imperial al interior de la provincia de València.

En 2021 empecé a trabajar como funcionario interino en la Generalitat Valenciana en el Servicio de Evaluación Ambiental Estratégica, analizando la afección ambiental de planes y programas, participando activamente en la configuración y gestión del territorio, tanto en la planificación urbanística o territorial como en la gestión de espacios naturales, entre otros ámbitos.

En resumen, mi trayectoria académica y laboral, junto con la pasión por la observación y la conservación del medio natural, me han llevado a trabajar en lo que soñaba desde que veía esos inolvidables programas de televisión sobre la naturaleza.

Atribuyen a Confucio esa frase de «Elige un trabajo que te guste y no tendrás que trabajar ni un día de tu vida», con la que no estoy en absoluto de acuerdo. La frase debería ser algo como «Elige un trabajo que te guste y no te importará trabajar todos los días de tu vida». Esta otra versión creo que es más cercana a la realidad de los biólogos vocacionales, aunque también tiene su parte negativa, y es que trabajar en algo que te apasiona hace que, en ocasiones, los demás no valoren nuestro trabajo como se merece.

Podéis encontrar más información sobre mis trabajos en: <https://www.researchgate.net/profile/Vicente_Sancho>.

Para especializarse en cualquiera de las áreas mencionadas en estos apartados en la Universitat de València existe el Máster Universitario en Biodiversidad: Conservación y Evolución. También existen másteres de especialización en prácticamente todas las universidades españolas en las que se imparte el grado de Biología.

3.4 Otros ámbitos relacionados con el medio ambiente

En la amplia lista de los ámbitos relacionados con el medio ambiente que reseñaba el Consejo General de Colegios Oficiales de Biólogos, porque existen colegiados trabajando en ellos, además de los citados, encontramos: sistemas de gestión ambiental (ISO 14001 EMAS), auditorías ambientales, suelos, restauración del medio y del paisaje, reforestaciones, control y depuración de aguas residuales, gestión de la contaminación y de residuos (industriales, agrícolas, sanitarios y urbanos), asesoramiento científico-técnico, gestión ambiental industrial, estudios ecológicos, limnología y biología marina, servicios ambientales de las administraciones públicas, Agenda 21 local, prevención de riesgos naturales e incendios forestales y dinámica de poblaciones: manejo y control.

Desarrollaré alguno de ellos un poco más.

3.4.1 *Sistemas de gestión ambiental (ISO 14001, EMAS) y auditorías ambientales*

Este es de nuevo un ámbito en el que no exactamente la legislación, pero sí las normativas internacional y europea, han ayudado a dar trabajo a biólogos/as. Es el ámbito de las auditorías ambientales y la implantación en muchas empresas de las normas ISO 14000, de gestión de la calidad ambiental y del Reglamento EMAS de la UE.

La serie de normas ISO 14000 es un conjunto de normas internacionales publicadas por la Organización Internacional de Normalización (ISO), que incluye la Norma ISO 14001, la cual expresa cómo establecer un sistema de gestión ambiental (SGA) efectivo, que cubre aspectos del medio ambiente, de productos y organizaciones. La Norma ISO 14001 es un estándar internacional de gestión ambiental publicado en 1996, tras el éxito de la serie de normas ISO 9000 para sistemas de gestión de la calidad. La norma ISO 14000 es aplicable a cualquier organización, de cualquier tamaño o sector, que quiera reducir los impactos en el medio ambiente y cumplir con la legislación en materia ambiental.

En paralelo también se aprobó el Reglamento EMAS, cuya primera versión data de 1993, y del que se han realizado varias actualizaciones hasta el actual Reglamento (CE) N.º 1221/2009 del Parlamento Europeo y del Consejo, de 25 de noviembre de 2009, relativo a la participación voluntaria de organizaciones en un sistema comunitario de gestión y auditoría medioambientales (EMAS, de sus siglas en inglés). Es un modelo europeo que permite a las organizaciones adherirse con carácter voluntario a un sistema comunitario de gestión y auditoría medioambientales. Las organizaciones registradas en el Reglamento EMAS se comprometen a reducir su impacto ambiental de manera global, teniendo en cuenta todos sus impactos en el medio ambiente. Esto implica desde reducir sus consumos hasta la producción de residuos y otros impactos ambientales; es una herramienta más, dentro de las múltiples opciones existentes, que complementa todas las políticas de la UE para lograr el desarrollo sostenible.

Estas dos herramientas de gestión han sido utilizadas por los biólogos que se han dedicado a la gestión ambiental, sobre todo, en el ámbito empresarial. No se especifica en estas normas quién es el profesional que debe hacer las evaluaciones, pero está claro que los profesionales de la biología (y ahora también los ambientólogos) están capacitados para aplicar estos protocolos y así llevan haciéndolo algunos/as desde hace años.

También han aparecido otros conceptos, como el de responsabilidad social corporativa (RSC), que son una forma de dirigir las empresas basada en la gestión de los impactos que su actividad genera sobre sus clientes, empleados, accionistas, comunidades locales, medioambiente y sobre la sociedad en general.

Durante los últimos años se ha hecho referencia a la sostenibilidad, que hoy está enmarcada en los objetivos de desarrollo sostenible (ODS) de Naciones Unidas y en su Agenda 2030, que hace un llamamiento tanto a los países como a las organizaciones y empresas para que se comprometan con los ODS y sus metas (UNESCO, 2020).

3.4.2 *Suelos. Reforestaciones y prevención de incendios forestales*

Pocos son los biólogos/as que escogen especializarse en edafología, la ciencia que trata de la naturaleza y condiciones del suelo, en tanto que medio vital para los seres vivos, y que también es una posible especialización profesional. En la antigua licenciatura existía una asignatura optativa de edafología y el área de conocimiento de edafología y química agrícola está en algunas facultades de Ciencias Biológicas y cuenta con profesionales biólogos/as de reconocido prestigio, como en la UV. Actualmente, se puede buscar la especialización en un máster, por ejemplo, existe el de Gestión de suelos y agua de la Universitat de Barcelona.

En València existe, desde el año 1995, el Centro de Investigaciones sobre Desertificación (CIDE), que es un centro público mixto y en cuya gestión intervienen tres instituciones, el CSIC, la Universitat de València y la Generalitat Valenciana, a través de la Conselleria de Agricultura, Desarrollo Rural, Emergencia Climática y Transición Ecológica y la Conselleria de Innovación, Universidades, Ciencia y Sociedad digital. El CIDE se ubicó inicialmente en Albal y en mayo de 2011 se trasladó al campus del Instituto Valenciano de Investigaciones Agrarias (IVIA) en Moncada, donde tiene su sede en la actualidad. El centro ha trabajado desde hace muchos años en diversos aspectos de los procesos de desertificación, entre ellos, la prevención de incendios forestales. Este centro contribuye también a la formación académica y profesional a través de su participación en diferentes másteres y programas de doctorado de distintas universidades (Universitat de València, Universitat Politécnica de València, Universidad de Alcalá de Henares, etc.), además de colaborar en la formación de personal universitario por medio de los programas de prácticas tuteladas de las diferentes Universidades. En el CIDE trabajan en la actualidad muchos biólogos/as y se pueden hacer las prácticas en empresa del grado de Biología de la UV.[2]

La visión de los profesionales de la biología en el tema de la restauración paisajística y las reforestaciones es importante, como conocedores de los ecosistemas y su funcionamiento, y es algo que me preocupa desde mis años de formación. Las primeras promociones de biólogos/as de València tuvimos como profesor de Ecología a Miguel Gil Corell, gran defensor de la naturaleza y persona muy comprometida, que defendió con argumentos científicos la conservación de L'Albufera y El Saler a finales de los años sesenta (cuando el Ayuntamiento de entonces casi consiguió urbanizarlo y destruirlo; el movimiento ciudadano «El Saler per al poble» consiguió pararlo), así como del resto del territorio que hoy son espacios protegidos, por ejemplo, las islas Columbretes o la sierra Calderona. De todos estos territorios nos hablaba en sus clases, con pasión y un gran conocimiento del medio natural.

A finales de los años setenta, la Diputación de Valencia constituyó un Consejo Asesor de Medio Ambiente, el CAMA, precursor de otro consejo asesor que se constituyó cuando se creó la Conselleria de Medio Ambiente. En aquel primer CAMA la comisión permanente estaba constituida por Miguel Gil Corell, José Luis Rubio y yo misma como secretaria. José Luis Rubio es edafólogo, fue unos años profesor de Edafología en la Facultad y experto en desertificación y prevención de incendios forestales, fundador y primer director del CIDE (Centro de Investigaciones sobre la Desertificación) y premio Rey Jaume I en Protección Medioambiental en 1996, entre otras muchas distinciones. Ya entonces se planteaba el tema de la repoblación con especies autóctonas y el grave problema de los incendios forestales y cómo prevenirlos, entre otros temas. Invitamos por aquellas fechas al eminente ecólogo Ramón Folch, que por entonces había publicado un libro sobre incendios forestales para la Diputación de Barcelona, que era pionera en el tema de la prevención de incendios forestales.

Toda esta introducción es para señalar que viene de muy lejos la preocupación por la gestión sostenible de nuestro territorio, de nuestros bosques, que se nos han quemado recurrentemente, porque así es el clima mediterráneo, pero sobre todo porque la mala gestión forestal hace que estén en las mejores condiciones

---

[2] <https://www.uv.es/uvweb/centro-investigacion-desertificacion/es/cide/cide-1285894590643.html>.

para arder cuando alguien quiere que ardan, porque la mayoría de los incendios sabemos que son provocados.

He tenido la tentación de buscar artículos que escribí, ya desde finales de los setenta, sobre el tema de la gestión forestal y los incendios forestales, porque son cincuenta años de pelea por este tema, pero no es este el libro para ello y lo intentaré resumir mucho. En las primeras Jornadas de Medio Ambiente que organizó el incipiente Consell de la Generalitat Valenciana en 1980, di una conferencia sobre el tema. Iba a escribir que «tuve el honor» de hacerlo, pero en realidad pasé el mal trago de darla ante la plana mayor de ingenieros forestales, responsables hasta entonces de la gestión forestal, para decirles que los biólogos no estábamos de acuerdo con esa gestión, que no se podía, no se puede, tratar el bosque mediterráneo con criterios de producción maderera, que no se debe repoblar con especies no autóctonas con esa intención y que lo más importante es la conservación. Aún tengo el recorte del titular de prensa del día siguiente: «La dra. Ull afirma que el pino es una especie oportunista». Lo que demuestra lo poco que entendió el periodista, porque, en efecto, el pino es una especie oportunista, pero en el sentido de que después de un incendio los piñones, si los hay, germinan y crecen rápido ávidos de sol, desplazando a las especies de Quercus, las encinas (carrascas), los robles y los alcornoques de su hábitat natural, que siguen otras estrategias adaptativas. Pero eso es ciencia, ecología, no era nada que destacar en aquella conferencia donde lo importante era que se planteara una gestión sostenible de los recursos naturales, aunque la palabra aún no estuviera de moda.

La batalla por la gestión sostenible de las masas boscosas ha seguido durante estos casi cincuenta años. Se trata de respetar la regeneración natural después de un incendio, si se ven condiciones para que así sea; hacer una gestión de la madera quemada lo menos lesiva para el suelo que queda; fijar el suelo como primer requisito; repoblar con especies autóctonas, para lo que se necesitan viveros forestales, como ya empezamos a hacer en los años setenta y os contaba en el primer capítulo, y tantas otras cosas que aconseja el conocimiento de los bosques mediterráneos, su composición y su evolución Y el poco caso que nos han hecho a lo largo de los años, lo que no obsta para seguir reivindicando el papel que tienen los biólogos, edafólogos, botánicos, ecólogos, etc., en esa gestión sostenible en la que podemos trabajar. Algunas cosas avanzan, por ejemplo, la Generalitat Valenciana creó, mediante un decreto, el Centro para la Investigación y la Experimentación Forestal (CIEF) de la Comunitat Valenciana en 2005, para impulsar iniciativas y proyectos de investigación, desarrollo e innovación I+D+I de los sectores forestal y de conservación de la flora silvestre. Y también cabe mencionar, aunque todavía es algo que debe desarrollarse, el Pacte pels Boscos, que

> es el marco estratégico (relacionado con el eje 1 del Acuerdo del actual gobierno valenciano, Botánico-2) que sirve de base para la necesaria actualización de las políticas forestales valencianas y su adaptación a una nueva realidad medioambiental, territorial y socioeconómica que deriva tanto de tendencias locales (como el despoblamiento rural o la creciente demanda social de ocio) como otros de carácter global, como la pérdida de biodiversidad o el cambio climático.

Ha habido a lo largo de todos estos años muchos ecólogos, edafólogos y botánicos, hombres y mujeres, que han investigado y trabajado este tema en las tierras valencianas; solo mencionaré, además de los investigadores del CIDE liderados por José Luis Rubio y el biólogo y catedrático de Edafología de la UV Juan Sánchez, dos grupos pioneros en el tema de cómo combatir los incendios forestales en el área mediterránea, el grupo del catedrático de Ecología Antonio Escarré, primero en la Universitat de Barcelona y luego desde la de Alicante, y el grupo del CEAM (Centro de Estudios Ambientales del Mediterráneo), sito en el Parque Tecnológico de Paterna, entonces liderado por el profesor Ramon Vallejo y que en la actualidad sigue teniendo un área de investigación forestal.

El verano de 1980 fue terrible, y más lo fue el de 1994 y también lo ha sido el de 2022, pero es que ahora mismo, cuando escribo estas líneas y en pleno mes de marzo, cosa nunca vista, un incendio asola las tierras del noreste de Castelló de manera furibunda, y veo en televisión a un ecólogo, Fernando Valladares, decir las mismas cosas sobre prevención que llevamos diciendo tantos años, aunque ahora la situación está más agravada por el cambio climático. Hay que seguir reivindicando equipos interdisciplinares que aborden el problema desde todos sus ángulos, en los que los profesionales de la biología tienen mucho que aportar, y que se implementen las políticas públicas pertinentes.

Leo en la página web de la Conselleria de Agricultura, Desarrollo Rural, Emergencia Climática y Transición Ecológica que el Pacte pels Boscos está basado en la Estrategia de Biodiversidad de la Comunitat Valenciana y en la Estratègia Mosaic, que hace referencia a las líneas de trabajo que están llevando a cabo la *Dirección General de Prevención de Incendios Forestales* de la Conselleria durante los últimos años, cuyo objetivo es la minoración de los efectos de los incendios forestales sobre el ecosistema y la sociedad, a través de la gestión integral sostenible del territorio forestal. Veremos si es así y es un paso adelante.

3.4.3 *Restauración del medio y del paisaje*

Tengo otra anécdota, esta vez situada en el Racó de l'Olla, que es una zona geológicamente deprimida situada en pleno corazón del Parc Natural de l'Albufera. Está ubicado entre la Devesa y L'Albufera, y es una zona de transición entre ambos ambientes. En este enclave se encuentra ubicada la Reserva Natural del Racó de l'Olla, lugar con un elevado interés botánico y ornitológico. Actualmente, es el centro de interpretación del parque y está junto a la entrada de la carretera que va hacia El Palmar, y seguramente muchos lo conocéis, pero quizás ignoréis que el Racó de l'Olla es un gran ejemplo de restauración paisajística que fue realizado por un equipo de biólogos.

En los años sesenta del siglo pasado alguien tuvo la idea de hacer un hipódromo en esa zona y se cargaron parte de la zona de marjal; se construyó la pista de carreras, las caballerizas e incluso unas pistas de tenis y unos vestuarios, hasta llegar a la presente urbanización del El Saler. Además, se construyó la autopista de El Saler, que aún existe, solo para llegar más rápido a otra vía que en aquellos años contaba con unos carteles en los que se leía: «Carretera turística, circulen sin prisa». Como he dicho, la urbanización se frenó y el hipódromo fracasó, y se hizo un plan de restauración ejemplar. Las pistas de tenis son ahora el aparcamiento del Centro de Interpretación del Parc Natural de l'Albufera, y se aprovecharon los vestuarios para convertirlos en el lugar de acogida de los visitantes del Racó de l'Olla; se restauró todo el entorno y hoy en día esta reserva, con una superficie aproximada de cincuenta hectáreas, consta de dos grandes zonas: la zona de uso público, donde se encuentra el Centro de Interpretación Racó de l'Olla, que desarrolla programas de información, divulgación, interpretación del patrimonio y educación ambiental, dirigidos a los centros educativos, a la población local y al turismo, y la zona de reserva integral, que está destinada a la conservación de la biodiversidad y en la que no se permite la entrada.

Ambas zonas, una vez restauradas, se inauguraron en 1994, con la presencia de la entonces alcaldesa de València y el presidente de la Generalitat y otras autoridades. Se hizo el recorrido por la zona de uso público. En medio del recorrido se había decidido dejar un gran tronco que había caído y que había que rodear, y al llegar a él una de las autoridades afeó a los responsables que aquello estuviera allí en medio y no hubiera dado tiempo a retirarlo; no se había percatado de que un cartel anunciaba «Naturaleza trabajando», porque la idea es que los visitantes aprendan que ese tronco será reciclado en su totalidad por todos los seres vivos que viven en el entorno, si se les da tiempo a hacerlo. La idea de que hay que «limpiar» el monte es algo muy distinto según los conocimientos que se tengan sobre ello, y una gestión sostenible del monte es algo que debe hacerse teniendo en cuenta muchos puntos de vista. Como decía, hay que formar equipos multidisciplinares.

El otro gran ejemplo de restauración paisajística en ese entorno es el de del cordón dunar de la playa de El Saler, que también fue destruido por el intento de urbanización y que se ha conseguido restaurar en su totalidad. Participé hace unos años en un congreso internacional sobre parques periurbanos y me sorprendió que algunos participantes quedaran entusiasmados al conocer la envergadura de esta restauración paisajística. Y todo ello gracias al tesón y buen hacer de los técnicos de la Oficina Técnica Devesa-Albufera del Ajuntament de València, liderados durante muchos años por el biólogo Antonio Vizcaino y en la actualidad por Joan Miquel Benavent, también biólogo y quien durante unos años fue director del parque. Ellos comenzaron reproduciendo en los Viveros Municipales, sitos en el propio El Saler, las especies necesarias para fijar dunas, puesto que este tipo de plantas no se podían encontrar en los viveros, ya que no son comerciales, y luego fueron abordando esa fijación en algunas zonas de la parte sur de la playa de El Saler, y fue un éxito. Con los años se consiguió que se eliminara el paseo marítimo de hormigón que se había construido eliminando el cordón dunar en la parte norte. Con la financiación del Ministerio de Obra Públicas se pudo terminar toda la restauración de las dunas, y esta segunda parte culminó una gran obra de restauración que os invito a visitar si no la conocéis. Me consta que todo el trabajo realizado ha sido un ejemplo para la regeneración de dunas en otros lugares de Europa y que les pidieron asesoramiento para seguir el ejemplo en el norte de Francia. Vizcaino también participó en algunas ocasiones en las charlas de la Facultad, y me llamaba la atención que conocer todo esto siempre sorprendiera tanto al alumnado más joven, para el que este proceso era un gran desconocido, a pesar de estar a unos kilómetros de la ciudad de València.

En julio de 2021 se publicó, en el Boletín Oficial de Estado, el Decreto Legislativo 1/2021, de 18 de junio, del Consell, de aprobación del texto refundido de la Ley de ordenación del territorio, urbanismo y paisaje. La norma consolida e integra en un texto único las modificaciones incorporadas desde su entrada en vigor en la Ley 5/2014, de 25 de julio, de la Generalitat, de ordenación del territorio, urbanismo y paisaje, de la Comunitat Valenciana. Mediante esta norma se desarrollan de manera integrada aspectos clave para la ordenación territorial y urbanística del territorio, poniendo el acento en la infraestructura verde, el paisaje, la evaluación ambiental y territorial estratégica, las actuaciones sobre la ciudad consolidada, y la prevención de incendios forestales.

Este es el nuevo instrumento que permite trabajar estos ámbitos, así que, si este tema os gusta, hay trabajo que realizar, y para ello varios másteres que se imparten en muchas universidades: la de Illes Balears, uno conjunto de cuatro universidades de Madrid y también en las de València, aunque en este último caso parece estar más orientado a ingenierías.

3.4.4 *Limnología*

La limnología es la ciencia que se encarga del estudio ecológico de los ambientes acuáticos continentales (lagos, lagunas, embalses, ríos, arroyos, quebradas), en aspectos tanto físicos y químicos como biológicos.

En València existe un antecedente destacable en el campo de la biología de aguas dulces. En la primera década del siglo XX, Celso Arévalo fundó el Laboratorio Nacional de Hidrobiología y se centró en el estudio de las lagunas, y su discípulo, Luis Pardo, en los años 1920-1930 publicó trabajos divulgativos sobre las aguas dulces.

Años después, con los estudios de ciencias biológicas en marcha en la Facultad de Ciencias y la provisión de las diferentes cátedras, se convocó el concurso para la cátedra de Ecología en 1979, y llegó a la UV la catedrática María Rosa Miracle, que fundó el grupo de investigación en limnología. Rosa Miracle fue la primera mujer en conseguir una cátedra de Ecología en España. Nació el 2 de junio de 1945 en Barcelona. Estudió en la Universitat de Barcelona, donde se graduó con honores como bióloga, y posteriormente obtuvo su doctorado *cum laude* bajo la dirección de Ramon Margalef. La Dra. Miracle ha destacado como una de las principales figuras de la limnología y ha sido presidenta de la Asociación Ibérica de Limnología de 1993 a 2002. Ocupó la cátedra de Ecología hasta su retiro en 2015, cuando fue nombrada profesora emérita de la UV. Tras su fallecimiento en 2017, la UV publicó un libro homenaje con 42 contribuciones de expertos en limnología de todo el mundo. Pero no solo fue una gran científica, también fue una gran defensora de la naturaleza, y fue presidenta durante varios años de la Fundación de Amigos del Parc Natural de l'Albufera, estimulando la participación de voluntariado ambiental en el parque; también formó parte de la Junta Rectora del Parque, en representación de la UV, y siempre estuvo presente, como divulgadora de la importancia de las zonas húmedas y su conservación, allí donde se le requirió. Su legado son los grupos de investigadores en ecología y limnología que siguen trabajando en la Facultad y en el Instituto Cavanilles. Sus primeros doctorandos son ahora los catedráticos de Ecología de la Facultad, y se puede ver su amplio legado en la página web del Instituto Cavanilles. Este mismo año se ha puesto en marcha el Laboratorio de Seguimiento de Humedales «Dra. María Rosa Miracle», en la Oficina Técnica Devesa-Albufera, que es heredera de la tradición investigadora del Laboratorio de Hidrobiología Española fundado por Arévalo.

Se puede trabajar en limnología no solo como investigador/a. En las charlas al alumnado me pareció interesante requerir la presencia de un compañero que supe por el colegio que se había colegiado y ejercía de autónomo; ya comenté en el capítulo 1 que hay diversas maneras de ejercer la profesión en el sector privado: nos podemos dar de alta como autónomos, constituir una empresa o una cooperativa... A mí me había llamado la atención este compañero porque en aquel momento se dedicaba al control de plagas, de mosquitos en concreto, y me pareció un perfil distinto que podía interesar al alumnado. Pero realmente su perfil se ajusta mucho más a este apartado y por eso tenemos aquí su contribución.

Juan Rueda Sevilla. El limnólogo que ejerce como autónomo

Tener una vocación tiene una gran importancia y, la mía, «la Biología», empezó muy mal, ya que mis padres no me permitieron seguir esta opción. Según ellos, de eso no se comía. No fue hasta la edad de 34 años, sin haber cursado ni BUP ni COU, que me aventuré a un acceso para mayores de 25 años en Biología. Un buen amigo y yo nos preparamos los temas y de 22 examinandos aprobamos la mitad.

Durante la carrera, el primer año fue el más duro, ya que habían transcurrido quince años desde el último proceso educativo. Además, tenía un par de acompañantes maravillosos, mis hijos, Sylvia de diez años y Yuri recién llegado, a los que me dedicaba plenamente, alternando con los horarios de clase. A medida que alcanzaba quinto de carrera las notas mejoraban sustancialmente. Me licencié en enero de 1996 y tres meses después defendí mi tesina (tesis de licenciatura), lo que podría equivaler a un TFG actual. Todo sea dicho, había empezado con la parte experimental desde tercero, ya que fueron dos años de muestreos, en un río asqueroso en su primer tramo, recolectando macroinvertebrados acuáticos para poder aplicar índices de calidad de las aguas. El mismo año presenté este trabajo, intitulado «Biodiversidad, calidad biológica y caracterización de las aguas del río Magro (NW de València)», al concurso «Iniciativas sobre el Medio Ambiente». El premio, otorgado por la «Fundación Bancaja», fue de 1.500.000 de pesetas de 1997. Al poco tiempo entraba a formar parte del Departamento de Microbiología y Ecología de la UV para empezar con un proyecto de macroinvertebrados acuáticos de las lagunas temporales de Castilla-La Mancha. Más tarde, empezaba mi tesis doctoral, asociada a un proyecto europeo, cuya directora era la Dra. María Rosa Miracle, de la que guardo un gran recuerdo y cariño. Fue artífice del laboratorio de Limnología, pionera y heredera de los conocimientos del Dr. Ramón Margalef. Pero, después de tres, años tuve que abandonar la tesis para buscar trabajo estable.

Así, mi trayectoria profesional se inició como profesor interino de Biología para Secundaria (ESO) entre 2001 y 2004, pero no era mi vocación y me reorienté. Tras la última sustitución como interino me ofrecieron un estudio sobre los macroinvertebrados acuáticos de la Malladas de la Devesa del Parque Natural de l'Albufera (València), un proyecto sumamente interesante ya que no se habían estudiado estos organismos ni se conocía en profundidad el medio a estudiar. En 2004 iniciaba una línea de investigación como técnico superior de investigación gracias a la mediación del hoy catedrático Dr. Francesc Mesquita, mediante un convenio con la Universidad (UV) y el Ayuntamiento de València. En aquel momento se cobraba la mitad del sueldo de profesor de Secundaria, pero mi deseo de trabajar con organismos era más fuerte. Al entregar el informe, había descubierto y catalogado más malladas de las conocidas y respecto a los invertebrados acuáticos se identificaron cerca de 300 taxones, muchos de estos fueron primeras citas para la CV e incluso para la Península, todo un éxito. De este estudio salieron diferentes artículos científicos.

A partir de aquí se inicia un nuevo periodo al tomar las propias riendas de mi destino como autónomo: 2004 empezó con una visión global de las mallades de la Devesa, en 2005 fue una ampliación del estudio sobre algunas mallades más permanentes, junto con otras de reciente restauración, que se realizaron gracias a la concesión de un Proyecto Life de la UE al Servicio Devesa-Albufera del Ajuntament de València. En 2006 se realiza un estudio de los macroinvertebrados en las mallades del Racó de l'Olla, restauradas en su momento y custodiadas principalmente por un técnico especialmente preparado, José Ignacio Diez Jambrino. Con este trabajo se puso de relieve la importancia de recuperar los sistemas húmedos. En este caso, especial por su pasado como hipódromo, mientras en la Devesa se habían desecado las mallades para convertir la zona en una urbanización con torres y chalets unifamiliares, una locura ambiental. Los estudios ambientales realizados para el Ayuntamiento de València continuaron hasta 2017 auspiciados de Joan Miquel Benavent, un gran amigo al que debo muchos de mis conocimientos del Parc Natural. El proyecto de las mallades fue uno de tantos, ampliando la temática a los cauces que aportan agua al sistema Albufera, los arrozales, el propio lago, tanto interior como en su litoral. Se aplicaron diversas técnicas de análisis de la calidad de las aguas y se ensayaron nuevas, pero los trabajos con el Servicio Devesa Albufera fueron muy ambiciosos a nivel investigación.

Paralelamente, había que ampliar la cantidad de proyectos, ya que el convenio comentado anteriormente solo duró un año y, como decía, me convertí en autónomo a partir de junio 2005. Aquel año se presentó un proyecto a Conselleria de Medio Ambiente, se trataba de vigilar y controlar las poblaciones de mosquitos en Parques Naturales y Áreas protegidas. La propuesta se centraba en detectar e identificar las especies existentes en cada momento y pulverizar sus poblaciones mediante tratamiento exclusivamente biológico con *Bacillus thuringiensis* var. *israelensis* (Bti). Se inició un largo periodo de vigilancia en la Marjal dels Moros, en Puzol, y en el Parque Natural del Prat de Cabanes-Torreblanca, solucionando un conflicto entre la Conselleria y el Ayuntamiento de Torreblanca. Hay que decir también que hubo que invertir en una cuba de ocho cientos litros y una buena manguera de ciento veinte metros para poder efectuar los trabajos en los saladares. El trabajo también requería tener una buena preparación física, por la dureza de las operaciones.

De forma paralela a estos proyectos fueron apareciendo diferentes estudios peculiares. En 2007 realicé una caracterización del nuevo Ullal de

Baldoví, restaurado tras la compra de algunas parcelas arroceras por parte de la administración autonómica e integración en el nuevo sistema de especial protección. En 2008 SeoBirdLife Valencia obtiene un proyecto Life para estudiar las posibilidades de cultivar arroz ecológico en el PN de l'Albufera, junto con los de Rietvell, en el Delta del Ebro. El experimento y estudio de los invertebrados vinculados duró dos años, 2008 y 2009. En este caso había que realizar una caracterización fisicoquímica y de los macroinvertebrados e intentar dilucidar si existían diferencias con respecto al cultivo convencional. Lamentablemente, dos años no aportaron demasiadas conclusiones al respecto. El experimento se desarrolló en el Tancat de Zacarés. En 2009 otorgan un estudio ambiental a «Phylum» (una consultora ambiental vinculada a la UV, con la que realicé varios proyectos), previo a la ampliación de la depuradora de Sueca con la preparación de lo que fue posteriormente el Tancat de l'Illa como «Humedal Construido». Este humedal construido entra en el concepto de «filtro verde», un sistema en el que se pretende extraer materia orgánica del sistema mediante cultivo de diferentes especies vegetales, en este caso *Phragmites* y *Typha*. Tras este proyecto inicial tuve la oportunidad de efectuar estudios en los cuatro humedales construidos, el Tancat de La Pipa, el de Milia, el de l'Illa y el proyecto piloto de una hectárea del filtro verde situado en el nuevo cauce del río Turia. Tenía que ser la antesala de una ejecución de treinta hectáreas, pero que lamentablemente se lo llevó una riada dentro del propio cauce que destruyó las parcelas piloto. En los Tancats, los estudios de seguimiento continuaron todos los años hasta mi jubilación en enero de 2022. Durante todo este periodo los conocimientos y la especialización se retroalimentan. En 2012 se realiza un estudio sobre los diferentes tipos de gestión de la paja del arroz, este trabajo fue encargado por la «Fundación Assut» y se obtuvieron resultados espectaculares. Se prepararon cuatro parcelas con réplicas de forma aleatoria según los diferentes tipos de gestión utilizados habitualmente, quemada, abandonada, fangueada y roturada, y se concluye que las parcelas fangueadas y roturadas facilitan una mayor diversidad de invertebrados acuáticos, aunque la segunda lo hace en menor medida. Por el contrario, las parcelas abandonadas y quemadas disminuyen esa diversidad aumentando los valores de algunos parámetros como la conductividad, los cloruros y otros. Este fenómeno es máximo en las parcelas quemadas. Sin embargo, lo importante es que facilitan la explosión de un organismo acuático que produce muchas molestias cada año, se trata de las «Rantelles», quironómidos que forman nubes considerables en el sistema y en los pueblos vinculados al arrozal del PN. Otro experimento encargado en 2013 por una empresa de plaguicidas y fitosanitarios (Sipcam) fue un estudio realizado con bacterias para favorecer y potenciar la digestión de la paja en arrozales. En este caso, al ser una empresa privada existe una cláusula de confidencialidad implícita durante cinco años que no permite publicar resultados, aunque hay que decir que con la cantidad de resultados transversales que suelen obtenerse, siempre existe alguna cosa que se puede aprovechar para divulgar científicamente. Nos apareció un organismo comensal vinculado a una de las especies de cangrejos invasores *Pacifastacus leniusculus* (Dana, 1852) que no existe en el PN de l'Albufera, lugar del estudio, pero sí en otras zonas donde conviven con el *Procambarus clarkii* (Girard, 1852), compartieron el comensal, el Branchiobdello *Xironogiton victoriensis* (Gelder y Hall, 1990) y el resto ya se sabe. El comensal es transportado por las aves con su nuevo huésped descubriéndose una nueva asociación comensal-huésped en la península ibérica, cosa que nunca había ocurrido en el país de origen, los Estados Unidos, la naturaleza se abre camino.

Durante los casi treinta años de actividad como biólogo parece que todo fue con el viento a favor, y así fue más o menos; sin embargo, algunas olas se cruzaron en el camino. La crisis de 2008, que hizo tambalear el mundo, afectó a mi actividad con retraso ya que se resintió en 2011, año en el que tuve que darme de baja de autónomo durante tres meses. 2013 fue un año de inflexión, fallecen mis dos padres en mes y medio de diferencia. Dos meses más tarde me detectan una deficiencia congénita en el corazón y me operan el 7 abril de 2015, estuve seis meses de baja. La víspera de mi ingreso en el hospital, le entregué el manuscrito de mi tesis doctoral a Francesc Mesquita y la defendí el 22 de diciembre del mismo año. Continué trabajando en lo mismo y con más proyectos, algunos para la Confederación Hidrográfica del Ebro y posteriormente con la del Júcar. Estuve con algunos contratos de investigación en el ICBiBE-UV (Instituto Cavanilles), como Dr. Junior y Dr. Senior y seguí colaborando con la UV y, además, realicé cinco viajes al Caribe (Nicaragua, Costa Rica, Cuba y dos veces a República Dominicana), siempre vinculados a proyectos. Los proyectos de Nicaragua y Costa Rica se realizaron mediante contratos con el Departamento de Ecología del Cavanilles-UV. En Cuba se presentaron diferentes estudios realizados con mosquitos de República Dominicana con el Dr. Pedro María Alarcón Elbal que llevaba presentando varios proyectos sucesivos al Ministerio de Medio Ambiente de la isla. En el último de República Dominicana, el Dr. Alarcón me incluyó como codirector para buscar e identificar macroinvertebrados y microcrustáceos depredadores de mosquitos en lagunas someras del país.

Durante casi treinta años he podido conciliar cerca de un centenar de proyectos como autónomo colaborando como investigador externo para el laboratorio dirigido por el Dr. Mesquita del Departamento de Ecología del ICBiBE-UV. Al escribir el presente texto que me ha pedido la Dra. Angels Ull, sigo como jubilado-activo sin ánimo de lucro, intentando plasmar resultados pendientes obtenidos durante mi trayectoria profesional. El último de estos, y espero continuar con ello, salió publicado el 12 de abril (2023) sobre esponjas de agua dulce de Costa Rica y que, probablemente, leerán pocas personas en el mundo porque no son organismos muy conocidos ni muy visibles. Son organismos primitivos que forman parte de la biodiversidad y cuyas estructuras silíceas son espectaculares.

Con esto quiero terminar diciendo lo siguiente, que siempre comento a mis amigos/as, conocidos/as e hijos/as de estos/as: «¿Estudiar? Estudia lo que te guste, y trabajar, ¡¡trabajarás en lo que puedas!! Eso sí, lucha por lo que sientes».

Podéis encontrar más información sobre mis publicaciones en: <https://www.researchgate.net/profile/J_Rueda>.

Capítulo 4

Formación-docencia

4.1 Educación secundaria

Se ha afirmado durante muchos años que la docencia era la única salida profesional para biólogos y biólogas y lo cierto es que es una de las salidas profesionales que tenemos y sigue siendo una opción. Hace cuarenta y cinco años, cuando yo terminé mi licenciatura, como ya comenté en el capítulo 1, la mayoría de mi promoción y de las anteriores y algunas de las siguientes optaron mayoritariamente por preparar oposiciones a enseñanza secundaria, dado que, en esos años, se convocaban bastantes plazas y no era difícil aprobar a la primera. En los ochenta y noventa ya fue más complicado, y posteriormente se estabilizó la oferta de plazas y sigue siendo una salida profesional para quien le guste la docencia.

Para ser profesor/a de secundaria en la actualidad se tiene que cursar, cuando se obtiene el grado, el Máster Universitario en Profesor/a de Educación Secundaria, de un año de duración y 60 créditos, que incluye un TFM y un prácticum. Este máster proporciona la formación pedagógica y didáctica que exigen las disposiciones legales vigentes y habilita para ejercer profesionalmente en centros públicos y privados de educación secundaria. Para cursar el máster hay unos requisitos lingüísticos: se requiere el nivel B1 de lengua extranjera, así como el nivel C1 de valenciano. Prácticamente, todas las universidades públicas y privadas ofertan este máster y, en concreto, en la Universitat de València se ofertan todas las especialidades.

Antes de los grados y másteres también había un requisito de formación pedagógica, se nos exigía cursar el CAP (Curso de Aptitud Pedagógica), mucho más leve en contenidos y con unas prácticas exiguas.

Cabe recordar que ser profesor/a de enseñanza secundaria no solo se refiere a Educación Secundaria Obligatoria y Bachillerato, también hace referencia a la Formación Profesional de grado medio y de grado superior. En la Formación Profesional de grado medio existen muchas familias profesionales y muchas posibilidades de especialización y habría que escoger ser profesor/a de algunas de las que nos resultan más cercanas. Por ejemplo, se puede impartir docencia como profesor/a de alguna de las familias profesionales, como la agraria, que incluye las especialidades de técnico en aprovechamiento y conservación del medio natural, técnico en jardinería y floristería, técnico en producción agroecológica y técnico en producción agropecuaria. O también la familia de industrias alimentarias, entre otras. Y en la Formación Profesional de grado superior, en la familia agraria se incluyen las especialidades de técnico superior en gestión forestal y del medio natural, técnico superior en paisajismo y medio rural y técnico superior en ganadería y asistencia en sanidad animal. Quería incluir algunas referencias normativas, pero en este aspecto he observado que cambia tanto y existe tanta legislación que recomiendo que se consulte las actualizaciones correspondientes en el momento en que lo necesitéis, si os planteáis presentaros a unas oposiciones.

El profesorado dedicado a la enseñanza secundaria ha sembrado una gran cantidad de vocaciones en nuestra profesión. Como ya comenté, durante años he pedido al alumnado de primer curso una redacción sobre por qué habían escogido estudiar alguna de las ciencias biológicas, y es recurrente que muchos digan que la culpa fue de su profesor o profesora de Biología del instituto, quien les abrió la mente a ese mundo, hasta entonces desconocido, de la estructura de la célula, el ADN, la herencia genética, los microorganismos y mucho más.

Un buen ejemplo de ello es el de Magdalena Pérez, que vino muchas veces a contar su experiencia como docente de secundaria a la Facultad, eso sí, en su caso con una etapa previa como educadora ambiental que ha marcado su trayectoria vital.

La docencia de la asignatura de Biología en la Educación Secundaria y el Bachillerato, Magdalena Pérez

Mis inicios en la Facultad de Ciencias Biológicas de la Universitat de València, a principios de los años ochenta, en ningún momento están relacionados con el mundo de la docencia, sino que era el laboratorio el que me llevó hasta esta licenciatura. Con los años en la Facultad fui dándome cuenta de que el mundo de la investigación, lo que yo entendía por laboratorio, no era mi pasión, al contrario, yo era una bióloga de bota, me apasionaba el medio natural y su contacto; esto se lo debo agradecer a los botánicos con quienes realicé mis primeras salidas al campo y posteriormente a un grupo de ornitólogos que se organizó desde la misma Facultad. A partir de aquí fui descubriendo el mundo natural *in situ* y además descubrí que me gustaba enseñarlo, hacer partícipe de mis descubrimientos, tanto botánicos y faunísticos como paisajísticos a la gente, y los más receptivos en este campo son los niños y adolescentes (aunque no todos).

No había acabado la licenciatura, cursaba cuarto, cuando con un grupo de compañeras diseñamos un itinerario por la Marjal de Almenara, dirigido a alumnos de primaria. La elaboración del cuadernillo fue totalmente artesanal, no disponíamos de ordenador y se hizo todo a mano (aún guardo un ejemplar). Había que ponerlo en marcha para evaluar si de verdad podía ser interesante y didáctico. Recorrimos algunos centros educativos donde mostrar nuestro trabajo con la finalidad de que nos dejaran experimentarlo y nuestra búsqueda dio sus frutos. Pusimos en práctica nuestro trabajo y fue tan gratificante que presentamos nuestra propuesta en un certamen didáctico en Santiago de Compostela.

Poca cosa se hacía por aquel entonces sobre educación ambiental, que era como se denominaba aquella experiencia. Lo más próximo a esto eran las granjas escuelas que se estaban poniendo en marcha y donde también tuve una experiencia.

La educación ambiental ya estaba instalada en los programas gubernamentales y la Administración valenciana, con bastante poco presupuesto, apostó por ella en la red de espacios naturales. Formé parte del primer equipo de Educación Ambiental de la Comunidad Valenciana, junto a un pequeño grupo de entusiastas educadores ambientales, si bien nunca fuimos reconocidos como tales, al menos, en gran parte del periodo en el que este fue mi trabajo.

En un principio nuestra tarea consistía en atender los centros de información de aquellos parques que los tenían y, en especial, conducir o guiar grupos de alumnos. Con el tiempo se fueron perfilando cada vez más nuestras funciones. La atención a visitas de alumnos estaba clara, pero queríamos llegar a más, queríamos que los alumnos previamente trabajaran algunos conceptos relevantes, y se les propuso a los profesores que, antes de venir con los alumnos, realizaran una visita para conocer tanto el entorno como las actividades que iban a llevar a cabo con ellos (podían seleccionar los aspectos y actividades que querían trabajar). La participación del profesorado fue la más costosa, pero el trabajo conjunto con la Conselleria de Educación y la de Medio Ambiente hizo posible una línea de formación del profesorado, de manera que su participación en las visitas a los parques estaba condicionada a estos cursos (también se certificaban las horas de formación).

Interesante y edificante era poder elaborar nuestros propios materiales de trabajo e incluso se llegó a editar un pequeño boletín informativo sobre las actividades que se llevaban a cabo en los parques (yo era la responsable de esta actividad).

Pero la labor educativa no solamente se debe dedicar a los grupos escolares o a aquellos que, por iniciativa propia, visitan estos espacios, sino que la labor educativa es un pilar fundamental en la gestión de los parques y para ello había que trabajar con sus habitantes. Esta fue una de las tareas más interesantes y a veces complicada, había que ponerse en contacto con labradores, cazadores, amas de casas... priorizar los centros escolares de la zona de manera que su relación con el parque fuera más prolongada, no una mera visita. De esta manera la educación ambiental se constituyó en un pilar importante en los planes de uso y gestión de los parques naturales.

Todo esto se había conseguido tras años de trabajo, aunque seguíamos siendo parte de un programa sin personal asignado. Por otro lado, la educación ambiental empezaba a estar presente en buena parte de las iniciativas que se llevaban a cabo desde las diferentes áreas de trabajo de la Conselleria de Medio Ambiente, allá por los años noventa.

Pero como casi todo, este periodo constructivo llegó a su fin, truncado por intereses políticos, que no ambientales. El equipo de Educación Ambiental de los Parques Naturales de la Comunidad Valenciana, con algunos años de experiencia en este campo, fue sustituido por otras personas, muchas veces sin experiencia y sin vinculación a los parques.

Tras este parón, siempre encontré recursos en los que poder ganarme la vida sin desviarme de mi línea educativa: organización de salidas a espacios naturales organizadas desde grupos ecologistas, trabajos con la Universidad (rectorado), con fundaciones, ONG...

Pero me llegó la hora de trabajar en la docencia reglada, un centro de secundaria, previa aprobación de la correspondiente oposición. Pensé que no me iba a gustar pues me alejaba del medio natural para quedar encerrada en un aula, pero he ido descubriendo el papel tan importante que tiene el docente. También ha supuesto una mejora significativa en el salario y un horario más o menos decente (recuperaba los fines de semana, que hasta entonces siempre tenía ocupados).

El currículum de la educación secundaria es muy diverso e interesante y además te permite poder incidir en aquellos aspectos que al docente le parezcan más interesantes y cada nivel tiene su interés. Los currículos no llegan nunca a ahogar ninguna de tus iniciativas, al menos en la ESO.

Una parte muy interesante de la docencia reglada es que el grupo de alumnos con los que trabajas los conoces como poco un curso escolar, otras, prácticamente, toda la Secundaria e incluso a veces el Bachillerato. Esta continuidad permite un seguimiento de tu alumnado y que puedan ir creciendo contigo, de manera que es más fácil transmitir no solo conceptos académicos sino también ciertos valores.

Les incitamos a que descubran la naturaleza, su fauna y flora, sus paisajes y para ello nos servimos de todos los recursos, de ejemplos cercanos y de otros más exóticos, siempre con el objetivo de despertar su curiosidad y animarlos a hacer y hacerse preguntas.

No menos interesante es cuando les enseñas el cuerpo humano, muy importante en su formación, y te das cuenta de lo perdidos que se encuentran en algunos campos como puede ser la educación sexual.

Destruimos mitos cuando abordamos el bloque de la evolución, entienden la expresión popular e incorrecta «venir del mono», y en cuanto a la genética adquieren unos conceptos mínimos que les sirve para identificarse con sus padres, hermanos y abuelos (a veces no, y debes hacerles entender que es mucho más complejo de lo que enseñamos para su nivel). Apasionante cuando consiguen entender conceptos de ecología como «cadena trófica» o «nicho ecológico» y se les abre una perspectiva amplia del entorno y sus interrelaciones y comprenden que ningún ser vivo sobra en este planeta.

Somos conscientes de que para muchos de nuestros alumnos y alumnas somos un referente y, cuando hablas con sus padres, ponen de manifiesto cómo te admiran o que quieren ser de mayores cómo tú. Son esos hijos e hijas que has criado sin que sean tuyos, porque la faceta afectiva también es importante, hay alumnos que encuentran en ti un apoyo, una orientación, te hacen partícipes de sus dudas o incluso de sus problemas y, sin ser tus verdaderos hijos, te ves en la obligación de transmitir ciertos valores y algún que otro consejo con la mejor de las intenciones.

Parte de nuestra labor como docentes es la capacidad para adaptar nuestros conocimientos al nivel de comprensión de nuestro alumnado y poder contar con un conjunto de estrategias que hagan posible el aprendizaje.

El Bachillerato ya es otra cosa, y cambian las expectativas hacia nuestro alumnado. Tenemos como objetivo una formación menos genérica y un poco más especializada y para ello hay que hacer un gran esfuerzo para que incorporen toda la información que queremos transmitir y no sirva solo de un llenado de cerebro que se vacía después de un examen (aunque muchas veces consiste en ello).

A veces es frustrante cuando intentas recordar una información que sabes que has enseñado en cursos anteriores y ves, no solo que no se acuerdan, sino que se reafirman en que nunca lo han dado, cosa que seguramente no sea verdad y más cuando tú has sido su profesora y tienes muy claro que esa parte la has enseñado. Pero en cuanto empiezas a recordar los conceptos y van descubriendo que eso ya lo han visto y que sí que lo entienden, y que sobre esa pequeña base de entendimiento puedes seguir edificando, es toda una recompensa.

No olvidar tampoco la satisfacción de cuando te encuentras a un/a alumno/a y entusiasmada te cuenta que está estudiando Biología y enseguida piensas que en algo has debido contribuir en su decisión. Que sigan estudiando y formándose siempre es satisfactorio. Incluso aquellos que tanto costó que pudieran sacarse la Secundaria y que vienen a contarte que después de un ciclo medio de una especialidad que les gusta se han animado a hacer el superior y por qué no saltar al ámbito universitario.

Los que ya llevamos algunos años en la docencia hemos ido percibiendo un cambio en cuanto a la implicación de las familias, como en casi todo con un lado positivo y otro negativo. La parte positiva se refleja en cómo los padres se implican no solo en la transmisión de valores, sino que también son un soporte en la formación académica, y las buenas relaciones con el profesorado facilitan nuestra labor. Se agradece muchísimo cuando tienes un problema con un alumno (no lleva el material, no hace actividades o se duerme en clase) y se soluciona con cierta rapidez en cuanto se les transmite a los padres y a veces se detectan problemas que sin esta comunicación serían muy difíciles de detectar y corregir.

El lado negativo está en la mala interpretación que algunos padres hacen de su participación en la escuela, como puede ocurrir en otros ámbitos sociales.

Por otro lado, la actividad docente ha ido cambiando con los años, ahora tenemos mucha carga administrativa y un menor reconocimiento social.

Creo que mi carrera profesional siempre ha estado vinculada a mi condición de bióloga, concretamente en su faceta docente, aunque la mayoría de las veces no haya sido remunerada acorde al nivel de formación.

Me sigue apasionando la Biología y en especial el medio natural y disfruto cuando salgo a hacer cualquier excursión. Sigo haciendo pedagogía en el medio siempre que amigos e hijos de amigos preguntan en las excursiones familiares cómo se llama una planta y qué ave está volando sobre nosotros. Es difícil aparcar una dedicación.

Creo que algunas veces se puede llegar a la docencia por falta de expectativas laborales y también es verdad que otras veces se descubre una vocación hasta ahora desconocida. En todo caso, para dedicarse a esta labor docente siempre es importante poner mucho de tu parte, supongo que como en otras actividades profesionales, pero teniendo en cuenta que aquí tus clientes, tus proyectos, tus objetivos son adolescentes, prototipos de adultos que algunas veces están reñidos con el mundo sin saber por qué y nosotros somos los responsables de lidiar con ellos. Nadie dice que sea una tarea fácil.

4.2 Docencia e investigación en la universidad

Dedicarse a la docencia e investigación en la Universidad es otra salida profesional que ya anuncio, por experiencia, que es un camino duro, un proceso continuo de superación de distintas etapas, formación de posgrado, tesis doctoral, estancias posdoctorales en centros fuera de España, superación de diversos concursos y oposiciones, puesto que hay que ir recorriendo las diversas figuras docentes hasta adquirir cierta estabilidad y, para todo ello, compaginar docencia con investigación y publicar los resultados de esa investigación, mucho, cada vez parece que hace falta publicar más.

En los años en que se impartió la asignatura o en las charlas sobre salidas profesionales en ciencias biológicas, nunca dejé de tener el apoyo de dos excelentes profesoras de la Facultad: Emilia Matallana e Isabel Fariñas. Siempre han acudido a la cita para contar al alumnado qué es ser una profesora de Universidad a través de su propia experiencia y orientando sobre los caminos que se pueden seguir o las becas existentes, y resolviendo las dudas del alumnado. Ambas son catedráticas, Emilia de Bioquímica y Biología Molecular, e Isabel de Biología Celular, también con dedicación a la neurociencia; son dos grandes científicas, con una larga vida profesional. Ellas os cuentan su peripecia vital como docentes e investigadoras.

La profesión como profesora universitaria, Emilia Matallana[1]

En la actualidad, mi trabajo consiste en una mezcla, generalmente poco equilibrada, de actividades muy variadas que incluye, como ingredientes principales, la docencia de materias relacionadas con la bioquímica y la biología molecular en el nivel universitario y la investigación en el ámbito de la biotecnología de alimentos. Sin embargo, el día a día de mi actividad laboral incluye un abanico mucho más amplio de tareas, muchas de ellas derivadas de la gestión de esas dos actividades principales, y otras muchas que surgen de la conexión de la actividad universitaria con la sociedad. Como ejemplos de tareas relacionadas con la gestión de la docencia y de la investigación se pueden mencionar las actividades de evaluación de todo tipo de convocatorias para instituciones públicas o privadas: convocatorias de proyectos, de planes de estudios, de ayudas de contratación de personal docente e investigador, etc. Como principal ejemplo de actividades relacionadas con la sociedad es destacable la labor de divulgación científica, en general, y en el marco de las problemáticas específicas de las mujeres en el ámbito de la ciencia, en particular.

El encaje de todas esas actividades es posible gracias a la enorme flexibilidad de los horarios de trabajo en mi ámbito laboral y a la gran autonomía para gestionar el tiempo, un auténtico privilegio que compensa sobradamente la gran dedicación al trabajo que ha caracterizado toda mi vida profesional, sin que eso haya implicado enormes sacrificios en mi vida personal.

Mi trayectoria profesional se inicia con los estudios universitarios de Licenciatura en Ciencias Biológicas en la Universitat de València, que cursé entre 1980 y 1985. En los planes de estudios entonces vigentes esa era la única carrera universitaria en el área de la Biología, con la única posibilidad

---

[1] Emilia Matallana es catedrática de Bioquímica y Biología Molecular de la Universitat de València.

de elección de especialidad en los dos últimos años, en los que yo escogí la especialidad de Bioquímica, tras un primer ciclo generalista de tres años. La valoración de mi formación básica de licenciatura desde la perspectiva que dan los treinta y cinco años que han transcurrido produce un doble, y aparentemente inconsistente, mensaje. Por una parte, si se compara con los contenidos de las actuales titulaciones de grado en Biología o en Bioquímica, mi formación tendría que calificarse de claramente deficitaria, con solo veinticinco asignaturas distintas, de las que solo dos fueron optativas, y un muy bajo contenido práctico y casi total ausencia de materias con orientación aplicada. Por otra parte, si se analiza la base de conocimientos aportados, es indudable que esa base ha sido suficiente para soportar toda la necesidad de formación posterior en aquellos aspectos que la actividad profesional me ha obligado a ampliar. Como mensaje importante para los estudiantes que dudan sobre qué titulación universitaria concreta escoger entre el abanico mucho más amplio de opciones disponibles actualmente y buscan una gran especialización desde el principio, yo diría que esa formación no es tan determinante para la orientación profesional posterior en el ámbito de las Ciencias Biológicas, y que una buena base generalista permite posteriormente adaptarse a ámbitos más especializados. Utilizando como ejemplo mi propia trayectoria, la orientación hacia la investigación en biotecnología ha supuesto la necesidad de complementos de formación, como por ejemplo tecnologías industriales y de procesos y también aspectos legales y bioéticos en el uso industrial de los seres vivos, todo ello actualmente contemplado en los planes de estudios específicos de los grados en Biotecnología, pero perfectamente asequibles para quienes han estudiado cualquiera de las opciones en el ámbito de la biología.

La opción de enfocar mi carrera profesional a la docencia y la investigación en la universidad tomó cuerpo durante la carrera, cimentada en una vocación docente desde la niñez y reforzada por el contacto con profesorado investigador que se convirtió en modelo de lo que yo quería ser. En el último año de la carrera pasé muchas horas con compañeros con los que compartía intereses, haciendo contactos, informándonos y buscando opciones para iniciar la siguiente etapa hacia la carrera investigadora: la formación de posgrado y la tesis doctoral, etapas que, mejoradas y actualizadas, siguen vigentes en la actualidad. Me matriculé en un programa de doctorado vinculado al Departamento de Bioquímica y Biología Molecular de la misma universidad en la que estudié Biología. Conseguí la aceptación de un grupo de investigación para pedir una beca predoctoral al Ministerio de Educación y Ciencia, beca que disfruté entre 1986 y 1989 y que me permitió realizar mi tesis doctoral en una temática de biología molecular de carácter básico y en un organismo modelo: mecanismos de regulación de la expresión génica dependientes de cambios en la estructura de la cromatina en la levadura *Saccharomyces cerevisiae*.

Actualmente este sigue siendo el primer paso imprescindible para iniciar la carrera investigadora, tanto en la universidad como en otros organismos públicos, como el Consejo Superior de Investigaciones Científicas (CSIC) y otros centros de investigación. El esquema vigente en el Espacio Europeo de Educación Superior (EEES) supone que, tras los estudios de grado, que en España son mayoritariamente de cuatro años, puede cursarse un máster oficial de especialización. La titulación de máster proporciona acceso a los estudios de doctorado, cuyo componente fundamental es un trabajo de investigación de tres o cuatro años, conducente a la obtención del título de doctor, el nivel académico más alto. Este periodo de investigación se realiza con un contrato predoctoral para los que existen diferentes convocatorias estatales, autonómicas y específicas de las diferentes instituciones de investigación, así como programas de fundaciones privadas que destinan fondos a la formación de doctorado. Actualmente es posible también realizar la tesis doctoral en empresas, gracias a los programas que financian doctorados industriales.

Tras la obtención del título de doctora en Ciencias Biológicas obtuve una beca posdoctoral de la Comisión Fulbright para la realización de una estancia de dos años en el Plant Science Institute, de la University of Pennsylvania. Allí participé en un proyecto de mapeo físico del genoma de la planta modelo *Arabidopsis thaliana* utilizando una genoteca en cromosomas artificiales de levadura. Era 1990, en pleno apogeo de los proyectos genoma que sirvieron de campo de pruebas para el Proyecto Genoma Humano, lo que me aportó una experiencia insuperable, tanto a nivel profesional como personal. Experiencia que, por otra parte, era casi imprescindible para poder optar posteriormente a una estabilización como investigadora en España, y sigue siéndolo. En la actualidad, el periodo de formación posdoctoral suele ser bastante más largo y generalmente implica una mayor movilidad, con estancias en diferentes laboratorios. Como contrapartida, también han aumentado las posibles opciones de financiación de tales estancias y, en la mayoría de los casos, a través de contratos en las instituciones receptoras. Como en el caso de los contratos predoctorales, existen convocatorias de carácter autonómico, nacional e internacional, tanto de organismos públicos como de entidades y fundaciones privadas.

Al completar mi estancia posdoctoral, en 1992, me reincorporé al mismo grupo del Departamento de Bioquímica y Biología Molecular de la Universitat de València donde realicé mi tesis doctoral, ahora ya como profesora ayudante, puesto que obtuve por concurso de méritos a los pocos meses de instalarme en EE. UU. Consistía en un contrato de cinco años de los que los dos primeros podían disfrutarse en el extranjero. Esa reincorporación implicaba ya una elevada dedicación docente, tras seis años de dedicación casi completa a la investigación, formación necesaria para la consolidación final, mediante oposición con concurso público, a profesora titular de la Universidad, en 1995. Aunque esos años fueron duros e intensos, sin duda, mi retorno a la investigación en nuestro país fue mucho más sencillo que las opciones de reincorporación actuales. Existen, hoy en día, distintos programas de reincorporación de doctores (Juan de la Cierva, Torres Quevedo, Ramón y Cajal) a los que se puede optar en función de la experiencia posdoctoral acumulada y que implican contratos de extensión variable, hasta cinco años de duración, a desarrollar en todo tipo de instituciones de investigación, incluyendo universidades, organismos públicos de investigación, entidades privadas y empresas. En función del tipo de contrato, esta fase de la trayectoria investigadora puede permitir ya la dirección de proyectos de investigación y también la adquisición de experiencia docente a investigadores vinculados a universidades. Ambas experiencias son muy importantes para la requerida acreditación a las diferentes figuras de profesorado universitario: ayudante doctor, contratado doctor, profesor titular y catedrático. Los procesos de acreditación dependen de agencias autonómicas y nacionales y suponen el cumplimiento de requisitos, que son públicos, en los dos ámbitos fundamentales de la actividad del profesorado universitario, la docencia y la investigación, aunque se valoran también el resto de posibles actividades, como la gestión y la transferencia de conocimiento al tejido productivo y a la sociedad. La incorporación a organismos públicos de investigación que no son universidades, y por tanto no implican tareas docentes, no requiere el mismo tipo de acreditación, pero también pasa por la evaluación de la actividad investigadora y el acceso a través de oposición con concurso público.

La obtención de mi posición de profesora titular fue acompañada de un cambio en mi temática de investigación, al tiempo que el grupo de investigación al que pertenecía trasladó el laboratorio al Instituto de Agroquímica y Tecnología de Alimentos, un centro de investigación del CSIC, en el marco de un convenio entre esta institución y la Universitat de València. Desde 1995, mi investigación se ha dirigido a la caracterización del comportamiento bioquímico y molecular de las levaduras vínicas con la finalidad de diseñar y proponer estrategias de mejora tecnológica y biotecnológica de su eficiencia en todos sus usos industriales. Diez años después de terminar una licenciatura poco enfocada a las aplicaciones modernas de la biología, la experiencia y la formación continuada que proporciona la investigación, hicieron asequible la transición a un campo nuevo en el que encontré mi sitio y muchas satisfacciones.

Desde entonces he impartido docencia en muchas materias de mi área de conocimiento: Bioquímica general en las titulaciones de Biología y Química, Biología Molecular en las titulaciones de Bioquímica y de Biología, Métodos en Bioquímica en las titulaciones de Bioquímica y Biotecnología, Biotecnología de Alimentos en las titulaciones de Bioquímica y Biotecnología, etc. También he impartido docencia en diferentes másteres oficiales y propios de la Universitat de València y en colaboración con otras universidades, he participado en docencia para mayores en el marco de las actividades de La Nau Gran de la Universitat de València y en el programa Unisocietat que acerca la formación universitaria a los pueblos. Además, participo en programas universitarios de motivación del emprendimiento. Quizás una de las mayores satisfacciones de mi vida profesional ha sido recibir el Premio de Excelencia Docente, concedido en 2011 por el Consell Social de la Universitat de València y la Conselleria d'Educació, Formació i Ocupació de la Generalitat Valenciana. Además de la actividad docente, he tenido una amplia participación en gestión universitaria relacionada con la docencia, asumiendo la responsabilidad de la última reforma del plan de estudios del Grado en Biología de la Universitat de València, durante mi periodo como vicedecana de estudios de la Facultat de Ciències Biològiques.

En el ámbito de la investigación, he sido responsable de proyectos y de contratos con empresas, habiendo obtenido evaluación positiva en todos los tramos de investigación y de transferencia que corresponden a mi trayectoria, lo que implica acreditar una alta y continua producción en forma de publicaciones en revistas científicas de carácter internacional y también beneficios transferibles de repercusión social. En este último ámbito, además de la colaboración con empresas del sector biotecnológico, participo de forma habitual en multitud de actividades de la Unitat de Cultura Científica de la Universitat de València y otras entidades de divulgación de la ciencia, como la asociación Sapiencia, actividades a las que vengo poniendo mucho esfuerzo en los últimos años. Por mi particular interés en la docencia, la formación del personal investigador siempre ha sido uno de mis principales intereses y me ha llevado a dirigir trece tesis doctorales y un buen número de trabajos de fin de grado y de máster, siendo este otro de los aspectos de mi actividad profesional que más satisfacciones, y amigos, me ha proporcionado.

En 2011 obtuve mi acreditación a la figura de Catedrática de Universidad, puesto que ocupo desde la oposición que tuvo lugar en 2012. En 2017 inicié mi última aventura científica al trasladar mi grupo de investigación al Instituto de Biología Integrativa de Sistemas, un nuevo centro mixto de la Universitat de València y el CSIC, en el que espero seguir disfrutando de los retos diarios de la investigación. Esta última etapa de mi trayectoria se está caracterizando por una intensa labor de revisión y evaluación, a través de distintos órganos de gestión de la docencia y de la investigación a nivel nacional e internacional, una consecuencia de la experiencia acumulada en mi ya larga carrera. Recientemente también he asumido la dirección de mi actual centro de investigación, todo un reto que promete aportar mucho a mi mochila de capacidades y habilidades como profesora universitaria.

Mi viaje personal por la neurociencia, Isabel Fariñas[2]

Mi vocación investigadora, como la de muchos científicos, fue muy temprana, pero se consolidó finalmente, para no ceder, cuando una asignatura de biología y un profesor motivado y dinámico en Secundaria me hicieron saber que eso era a lo que querría dedicar mi vida. A pesar de no saber exactamente en qué consistiría mi profesión, mi familia no cuestionó mi temprana decisión. Para aquella generación de padres que crecieron en la posguerra,

---

[2] Isabel Fariñas es catedrática de Biología Celular de la Universitat de València.

y para muchos de los cuales la educación superior había sido sencillamente un imposible, no importaba a lo que te dedicaras, si lo hacías con entrega y honestidad. Mis padres, dos gallegos que emigraron a Barcelona, se conocieron y formaron una familia catalana de esas que no lo son, siempre consideraron que su mejor legado sería la educación de sus hijos y que todos sus esfuerzos estarían bien empleados si ese era el fruto. Pero mi familia sufrió un importante golpe con la enfermedad incapacitante de mi padre cuando yo acababa mis estudios de secundaria y pensé que quizá debía buscar trabajo y ayudar en casa. Fue un verano difícil, intentando buscar sin éxito esa ocupación a tiempo parcial que me permitiese también estudiar y pagarme la matrícula de la universidad. Nunca olvidaré cuando un compañero de instituto me comentó que mi matrícula de honor de Bachillerato me eximía de abonar la matricula del primer curso de universidad. La exención de ese pago, un apoyo familiar incondicional, incluso en los peores momentos, y mis trabajos esporádicos durante los años siguientes hicieron posible mi licenciatura en Ciencias Biológicas por la Universidad Autónoma de Barcelona (UAB) en el año 1985, la primera licenciatura de mi familia.

Tengo que destacar dos aspectos de mi vida universitaria. Uno de ellos fue mi interacción con tres compañeros de carrera, inflamados por la misma vocación científica, con los que estudiaba y que acabaron siendo también científicos de carrera. Con ellos preparaba los temas de clase, con ellos descubrí alelada la biblioteca del Instituto de Biología Fundamental de la UAB, donde aprendimos lo que eran las revistas científicas, los artículos originales y donde queríamos leérnoslo todo. Con ellos compartí el buscar laboratorio para colaborar y hacer el trabajo fin de carrera para obtener el grado de licenciado, seminarios y conferencias a las que asistir, trabajos de clase en los que nos superábamos por pura pasión y muchas risas y discusiones. El otro aspecto que resaltar es que mi inquietud por investigar me llevó a pedir y conseguir que me aceptaran para colaborar en el Departamento de Biología Celular y Fisiología, en un grupo que trabajaba en neurociencia. Allí coincidí con jóvenes investigadores que realizaban sus tesis doctorales, que asistían, y me llevaban, a algún congreso científico y que pasaban todo el día en el laboratorio. Yo me contagiaba y compaginaba las clases y el estudio con el trabajo en el laboratorio, muchas veces al mediodía, mientras los demás comían, entre las clases de teoría y las prácticas de laboratorio vespertinas. Y me fui formando en microscopía electrónica y en neurobiología.

El año en el que cursaba cuarto se conmemoró el cincuentenario del fallecimiento de Santiago Ramón y Cajal con un simposio internacional sobre neurociencia en Madrid, al cual asistí con varias personas del laboratorio. Algunos científicos de los que leía trabajos estaban allí y nunca olvidaré la impresión que me causaron algunos de ellos. Coincidí, además, con otros jóvenes científicos de España y del extranjero que me enseñaron que la comunidad científica es muy amplia e internacional. Quizá esa impronta juvenil ha hecho que nunca abandonara el campo de las neurociencias. Fue en ese mismo congreso donde Alfonso Fairén, en aquel momento investigador del Instituto Cajal del CSIC en Madrid, gran experto en corteza cerebral y aún hoy respetado y apreciado amigo, me propuso trasladarme a Madrid para hacer mi trabajo de tesis doctoral con Javier De Felipe que volvía de realizar una estancia postdoctoral en EE. UU. Al año siguiente acabé la carrera y me preparé para irme a Madrid con una beca predoctoral del Ministerio de Educación y Ciencia. Javier me planteó analizar si las neuronas de la corteza visual que difieren en cuanto al área específica a la que proyectan también difieren en el grado de inervación inhibitoria que reciben, un proyecto que requería un análisis cuantitativo, mediante microscopía electrónica, de las sinapsis inhibidoras recibidas por neuronas que marcábamos previamente durante larguísimas cirugías. Todo el análisis era tarea ardua y tediosa y los datos que se generasen se presentarían en un único trabajo que, al final, fueron dos más una revisión que sigue siendo una referencia en el campo. Siempre he pensado que mi tesis cultivó mi paciencia y fue una especie de prueba de resistencia y humildad.

Tras la tesis regresé a Barcelona porque obtuve una plaza de profesora ayudante en el Departamento de Biología Celular y Anatomía Patológica de la Universidad de Barcelona (UB). Durante tres años combiné tareas docentes, enseñando histología a estudiantes de medicina, con investigaciones sobre el proceso de liberación del neurotransmisor acetilcolina. El grupo al que me incorporé estudiaba el órgano eléctrico del pez raya torpedo. Podíamos aislar, mediante la homogenización del órgano, una suspensión de los llamados «sinaptosomas», terminaciones separadas de sus axones que se resellan de forma natural convirtiéndose en estructuras en suspensión que contienen toda la maquinaria de liberación de acetilcolina.

A pesar de mi vinculación como profesora a la UB, y de que si la perdía el futuro podía ser incierto, sentía que debía salir al extranjero y, por ello, presenté la renuncia a mi contrato de profesora para ir a formarme fuera de España. Siempre apunté hacia EE. UU. y decidí tres ciudades grandes, con mucha y buena investigación, buscando aquellas temáticas y grupos que más me atraían. Quería un cambio de trayectoria, por lo que mi experiencia previa no constituía realmente una tarjeta de presentación, pero pensaba que, si tan solo un grupo de alto nivel en el ámbito en el que quería trabajar me aceptaba, tendría una oportunidad que aprovechar. En esos tiempos decidí que quería estudiar cómo se regula el tamaño de las poblaciones neuronales y quería, además, hacerlo en organismos en los que se pudiera hacer manipulación genética, técnicas moleculares que empezaban a ser punteras en ese momento. En aquella época, las comunicaciones se hacían por correo postal, algo que ahora nos parece lento y poco eficaz, y la información sobre los grupos no estaba fácilmente accesible en internet, había que leerse los trabajos. Escribí a una veintena de laboratorios y pude elegir entre dos. Todavía hoy en día me doy cuenta del lujo que supusieron ambas oportunidades. Rechacé la oferta en Boston de Robert Horvitz, que años más tarde recibiría el Premio Nobel de Fisiología o Medicina por sus estudios sobre apoptosis en el nematodo *Caenobhardilis elegans*. Y me incorporé, en 1993 con una beca de la Fundación Fulbright, al laboratorio de Louis F. Reichardt en la Universidad de California en San Francisco (UCSF), para trabajar en la regulación por neurotrofinas de la supervivencia neuronal en ratones. Mi estancia allí duró cinco años, gracias a una segunda beca, de la Human Frontier Science Program Organization (HFSPO), y un contrato de investigador de la UCSF.

El laboratorio de Lou estudiaba el desarrollo del sistema nervioso, sobre todo en cuanto al establecimiento de las conexiones neurales, y la implicación de moléculas que median adhesión y de moléculas que promueven supervivencia neuronal. Además de un científico de talla mundial, Lou es un héroe americano. Había formado parte de la primera expedición que escaló el Everest por la llamada cara difícil. Posteriormente, coronó el K2, la montaña asesina, y sus expediciones dieron lugar a películas y a artículos en *National Geographic*. Cuando uno conoce esos datos, es difícil pensar que trabaja para un científico común. Uno de los *postdocs* que se incorporaba al laboratorio cuando yo ya llevaba allí un par de años me preguntó cómo había conseguido una relación profesional tan buena con Lou. Le dije que, cuando yo entraba en su despacho para hablar de mis proyectos, siempre tenía presente que él había llegado a la cima del Everest y del K2, así que no me quejaba de los experimentos que no funcionaban; la cobardía no era una opción en nuestro laboratorio. Ese mismo investigador posdoctoral, Ardem Patapoutian, con el cual compartí poyata, proyectos y muchas risas, recibió el Premio Nobel en 2022. El de Lou era un laboratorio muy grande, con una docena de *postdocs*. Y, aunque le importaban mucho los proyectos y su opinión era siempre iluminadora, lo que se respiraba allí era que cada uno era responsable de escalar su propio Everest científico y la autonomía era casi completa. El grupo estaba financiado por el Howard Hughes Medical Institute, lo que garantizaba poder ejecutar prácticamente cualquier experimento, y estaba ubicado en un enclave fabuloso para la interacción científica, con las cercanas universidades de Stanford y Berkeley, además de un buen número de empresas de biotecnología, como Genentech. Siempre sonrío cuando recuerdo el lujo que representaba. Me incorporé a la línea de neurotrofinas, una familia de proteínas relacionadas con el factor de crecimiento nervioso o NGF. Y pude contribuir a definir las dependencias tróficas de muchas neuronas en ratones modificados genéticamente. Fueron cinco años de ciencia frenética y apasionante que creo que me modelaron definitivamente como científica independiente y me hicieron comprender el valor de la ciencia colectiva internacional.

Regresar a España fue una decisión muy meditada. Hubiera sido fácil quedarse; muchos de mis compañeros nunca entendieron por qué ni siquiera tanteé mis posibilidades de conseguir un puesto en alguna universidad americana. Pero sentía que mi labor podría ser más significativa en España, era hora de volver a devolver, devolver lo recibido en formación, en becas sufragadas por los contribuyentes de nuestro país. En el año 1998 las reincorporaciones al sistema nacional de ciencia eran complicadas, los grandes institutos solo habían comenzado a generarse –en ese mismo año, el Centro Nacional de Investigaciones Oncológicas (CNIO)–, y la ciencia en nuestro país se hacía por aquel entonces, y como siempre antes, o en el CSIC o en una universidad. A pesar de mi productiva trayectoria posdoctoral y de mi determinación, la vuelta no fue nada fácil. Recalé en la Universidad de Valencia. La realidad de la incorporación de investigadores a una universidad española en la que no te hubieses formado siempre ha sido difícil. Por un lado, eres un desconocido y has desplazado a personas que estaban esperando su oportunidad. Por otro lado, no existen recursos de ningún tipo asociados a tu incorporación, lo que se denomina comúnmente en los países científicamente avanzados *start-up*. Yo ni siquiera disponía de espacio de laboratorio; mi primer banco de laboratorio lo generé con un tablón y dos armaritos detrás de mi mesa de estudio en el medio despacho que mi nuevo departamento me facilitó. A finales de los años noventa, España no reclutaba científicos, tan solo los dejaba incorporarse. Unos años más tarde, los nuevos institutos, creados con una mentalidad más proactiva y disponibilidad de contratación, demostraron el gran impulso que se le puede dar a la ciencia aplicando los criterios de reclutamiento dirigido y apoyo logístico que ya se utilizaban en otros países. Eso ha supuesto una revolución en nuestro panorama científico.

No me asustaba la doble tarea de profesor-investigador, eso ya lo había hecho en el pasado. Pero necesitaba crear un laboratorio, el que siempre había querido tener. En aquella época era difícil que se financiase un proyecto solicitado por un contratado, algo que ahora, con las figuras de contratos Ramón y Cajal, ICREA, o de fundaciones y comunidades autónomas, nos parece impensable. Así que debía decidir si me arriesgaba a liderarlo yo misma, con la posibilidad de no conseguir la financiación, o me acomodaba a que mi proyecto lo liderase un funcionario de mi entorno. Un buen consejo de un buen amigo me llevó a arriesgarme y me concedieron mi primer proyecto del plan nacional, con un contrato predoctoral asociado, y un segundo proyecto, de la Fundación Ramón Areces. Con ellos peleé para conseguir espacio, sesenta metros cuadrados de un laboratorio de prácticas que la facultad cedió al Departamento de Biología Celular y Parasitología, al que me había incorporado, para uso interno. Dos profesores, incorporados como yo al departamento desde otros sitios, decidieron unir sus esfuerzos a los míos. Francisco Pérez y Martina Kirstein han seguido conmigo desde entonces. Remodelamos casi con nuestras propias manos ese laboratorio que nos habían cedido y la financiación nos permitió dotarnos del equipamiento mínimo imprescindible para comenzar. Lo logramos poco a poco, como lo habían logrado tantos científicos españoles antes que nosotros en la precaria universidad española de los setenta y los ochenta. Pero empezando el nuevo milenio, la ciencia mundial iba a muchas revoluciones, yo volvía de esa vorágine y no estaba nada claro cuál iba a ser el futuro de esos pequeños pasos en un lugar que parecía tan aislado y tan distante de la ciencia que había vivido en los años anteriores.

En 1999, con mis primeros proyectos concedidos sobre neurotrofinas, acudí a la NGF Conference en Estocolmo, viaje que nunca olvidaré. Estaba invitada a impartir una de las charlas; a fin de cuentas, todavía era una investigadora relevante en el ámbito de los factores neurotróficos. En el vuelo de regreso, sobrevolando las nubes que veía a través de la ventanilla del avión, comprendí que no podría mantener un nivel de trabajo en neurotrofinas que estuviese a la altura de lo que había estado haciendo. Parte de mis proyectos y muchas de mis ideas habían quedado en el laboratorio de Lou. Aunque nuestra relación era buena, yo no podría estar a la altura de lo que el resto de mis compañeros podían hacer allí; mi Everest se había hecho más alto y yo estaba en campamento base. En ese momento de iluminación, o angustia, tuve claro que debía decidir un cambio de rumbo; iniciaría una nueva línea de investigación. Había estudiado el control del tamaño de las poblaciones neuronales mediante mecanismos de eliminación por muerte celular programada. Decidí que abordaría los mecanismos de generación de neuronas, en el otro lado de la ecuación que determina el número final de neuronas en una población. Era, fue, una decisión muy arriesgada. Podía fracasar en el intento y mi producción científica previa, conseguida con tanta dedicación, no me iba a servir para facilitar nuestra introducción como laboratorio en una nueva comunidad científica. Esa decisión tan arriesgada se consolidó, con el paso de los años y el esfuerzo de todos los que han sido miembros de mi equipo de Neurobiología Molecular, en una línea sobre células madre en el cerebro adulto, en la cual somos uno de los referentes del panorama internacional. Cada uno tiene su propio Everest que escalar.

Mis años como investigadora principal han sido fascinantes a la vez que duros. No ha sido fácil abrirse camino en un tema nuevo, en condiciones muy mejorables y sin verdadero apoyo institucional. Pero, como me enseñó Lou, la ciencia no es para cobardes. Dos años después de incorporarme a la Universidad de Valencia, pasé mi oposición a titular de universidad. Luego llegaron las habilitaciones nacionales y me presenté a la última edición de estas, en 2007, cuando mis primeros doctorandos defendieron sus tesis. A pesar de ser la investigadora principal ya de diversos proyectos, no me iba a presentar a una cátedra sin haber demostrado que había formado a jóvenes investigadores. En el 2008 pasé a ocupar una cátedra de Biología Celular en la Universidad de Valencia. Podría decirse que soy, fundamentalmente, una investigadora universitaria. La carga docente en las universidades españolas es demasiado grande si se quiere combinar con la investigación, pero trasmitir la profesión y formar a los estudiantes es una tarea gratificante. Creo que, con un sistema universitario más racional, la investigación adquiriría su máximo sentido en el ámbito de las universidades. Pero la institución tiene demasiada inercia, lastrada por un sistema funcionarial que no sabemos manejar bien a fin de aprovechar sus ventajas minimizando el absentismo vocacional y sobrecargando solo a unos pocos por un falso sentido de democracia. Nuestras historias sobre cómo se comportan las células madre han ido consolidándose, pero, además, los jóvenes que han trabajado conmigo han salido al extranjero o han ido a trabajar a otros grupos nacionales y siempre lo han hecho bien, algunos de ellos muy bien. Sí valía la pena volver a España. Mi grupo forma parte de consorcios nacionales en Terapia Celular y en Enfermedades Neurodegenerativas, además de grupo de excelencia Prometeo de la Comunidad Valenciana. Por mi parte, las distinciones personales más especiales de mi carrera han sido mi elección como miembro de la European Molecular Biology Organization (EMBO) en el año 2013 y mi selección como miembro del programa de ciencia para la transferencia de la Fundación Botín en 2014, dos reconocimientos que me han hecho sentir que el salto en el vacío del año 1999, cuando sobrevolaba las nubes de Suecia, no ha salido tan mal. Han sido años de muchas cosas. Y lo mejor es que no ha acabado.

Esta es una historia de una individualidad y sería fácil pensar que, si ha acabado siendo una historia de cierto éxito, hay alguna fórmula mágica en ella que pueda ser aplicada a otros. Nada más lejos de la realidad. Además del talento, hay un fuerte componente de suerte en las trayectorias científicas. Parte de esa fortuna deriva del apoyo que la sociedad y sus dirigentes dan a sus investigadores. Siempre he querido que mi país avance y siempre he querido contribuir a ello, entendiendo la enorme responsabilidad social que adquirimos todos aquellos que nos hemos formado y trabajado gracias al esfuerzo del contribuyente español. La ciencia es una gran profesión, pero, igual que la mayoría de sus profesionales se ponen al servicio de la sociedad, esta debe de ser consciente del valor del trabajo de sus investigadores y no permitir que los vaivenes y frivolidades de políticos temporales pongan en peligro la solidez de las estructuras de generación del conocimiento, así como de todos los niveles de la educación. Una sociedad educada es una sociedad más exigente. Una sociedad educada es una sociedad más rica y más solidaria. Y así debería ser la nuestra, con el esfuerzo de todos.

También pude contar siempre con la colaboración de un gran investigador y catedrático de Etología en la Universitat de València, Enrique Font, al que siempre le ha preocupado la divulgación de esta especialidad, a la que quizás se le presta poca atención en los estudios de biología, a pesar de tener también grandes nombres de referencia mundialmente conocidas como Jane Goodall o Dian Fossey. Pero, como veréis a continuación, no solo de simios se nutre el estudio de la etología.

Etología: el estudio biológico del comportamiento, Enrique Font[3]

«Working as an ethologist is one way to take action for a better world».
JANE GOODALL
(Entrevista de 2022, Clémence Lesacq)

La etología, la disciplina que me apasiona y a la que he dedicado mi carrera profesional, es el estudio biológico del comportamiento animal. Los etólogos estamos interesados en lo que hacen los animales, y cómo y por qué lo hacen, en los movimientos y posturas, sonidos, olores y cambios de coloración que utilizan para relacionarse con otros de su misma o de distinta especie, para desplazarse por su entorno, para reproducirse, para cuidar de su descendencia, para comer y evitar ser comidos, etc. Es una disciplina relativamente joven que se consolidó en la primera mitad del siglo XX, gracias fundamentalmente al trabajo de investigadores centroeuropeos como Konrad Lorenz, Niko Tinbergen y Karl von Frisch. En 1973 estos tres investigadores recibieron el Premio Nobel «por sus descubrimientos relativos a la organización y elicitación de pautas de comportamiento individual y social», la única vez que se ha concedido este galardón a especialistas en el comportamiento, animal o humano. Se trata, por tanto, de una disciplina muy próxima a nosotros tanto temporal como espacialmente. A pesar de esa proximidad, la etología es una disciplina poco conocida en España, donde nunca ha existido una tradición de estudio del comportamiento animal. En contraste, en otros países como Estados Unidos, Reino Unido, Alemania o Suecia, el estudio

---

[3] Enrique Font es catedrático de Zoología de la Universitat de València y director del Laboratorio de Etología, Instituto Cavanilles de Biodiversidad y Biología Evolutiva.

del comportamiento animal goza de enorme popularidad, y se ha convertido, especialmente en las últimas décadas, en una de las disciplinas más dinámicas y con un mayor crecimiento de toda la biología animal (Stuhrmann, 2022; Taborsky, 2019).

El comportamiento animal está en todas partes, y es, en cualquiera de sus muchas manifestaciones, uno de los aspectos más atractivos y fascinantes de la biología animal. Por eso no es sorprendente que el comportamiento animal interese no solo a los biólogos, sino a todo tipo de personas. Encontramos animales en nuestros hogares, en la ciudad, en los zoológicos, en las granjas y, por supuesto, en el campo. Los documentales para cine y televisión nos muestran hasta los detalles más íntimos del comportamiento de animales que de otro modo nunca llegaríamos a conocer. Como dicen, no sin cierta ironía, Drickamer y Gowaty (2019), lo que estudiamos los que nos dedicamos a la etología es lo que hace ricos a los que trabajan para Disney, Discovery Channel o Animal Planet. Nosotros mismos somos animales, y nuestro comportamiento y el de nuestros semejantes es también un motivo de curiosidad cuando no de preocupación. La pregunta «¿qué nos hace humanos?» no puede contestarse sin tener en cuenta nuestro comportamiento y las características que lo asemejan y lo diferencian del comportamiento de otros animales (Brown et al., 2022).

El comportamiento animal es también responsable de atraer a miles de estudiantes en todo el mundo al estudio de la biología, y muchos mencionan el comportamiento animal como uno de los principales factores en su decisión de seguir una carrera en biología (Drickamer y Gowaty, 2019). Yo mismo estudié la licenciatura en ciencias biológicas, especialidad de zoología, en la Universidad de Valencia a finales de los años 1970. La zoología que se impartía por aquel entonces en nuestra facultad estaba muy orientada a la taxonomía, y los animales que estudiábamos eran fundamentalmente animales muertos y preservados en formol o en alcohol, o ensartados en una aguja entomológica. No obstante, pronto descubrí, gracias a la lectura, que existía otro tipo de zoología más centrada en los animales vivos y en lo que estos hacen para conseguir sobrevivir y reproducirse en la naturaleza, y de ese modo empecé a interesarme por la etología. La formación que recibí como estudiante de licenciatura adolecía de importantes carencias en materias que luego descubrí y que eran fundamentales en la formación de un biólogo, como biología evolutiva, estadística y diseño experimental, redacción de textos científicos... Muchas asignaturas no eran impartidas por especialistas y las clases prácticas eran muy escasas. En comparación, el grado actual ha corregido algunas de esas carencias, pero es indudable que aún queda mucho margen para la mejora.

Actualmente se pueden cursar en nuestra Facultad, además de una introducción a la etología que se imparte en el cuarto curso del grado, otras dos materias relacionadas con la etología (ecología del comportamiento y bienestar animal). Pero, desgraciadamente, la presencia de la etología en los planes de estudio de biología en las universidades españolas sigue siendo meramente testimonial. Es lamentable que, mientras que la etología es materia obligatoria en otras especialidades (e.g., veterinaria), los planes de estudio de los grados en biología suelen dar poca o ninguna importancia al estudio del comportamiento. No obstante, existen sobradas razones por las que la etología debería formar parte de la formación de cualquier biólogo, independientemente de cuáles sean sus perspectivas o su especialización futura. Estas son solo algunas de ellas (véase también Snowdon, 2003):

- El comportamiento de los animales en sus hábitats naturales es una fuente constante de admiración y de inspiración. Si la curiosidad humana es lo que impulsa la investigación científica, el comportamiento animal debería estar, sin duda, entre nuestras principales prioridades.
- El comportamiento es un aspecto esencial del fenotipo de los animales, y como tal merece tanta atención y es tan digno de estudio como otros caracteres fenotípicos tradicionales (morfológicos, fisiológicos, moleculares). Los comportamientos son predecibles y explicables como caracteres que han evolucionado por el beneficio que proporcionan a sus portadores y son el producto de los mecanismos genéticos y fisiológicos subyacentes. El estudio de la biología animal sería claramente incompleto si no incorporase este aspecto de su fenotipo.
- El comportamiento desempeña un papel crucial en las adaptaciones biológicas y su estudio ha proporcionado importantes contribuciones a la biología evolutiva. El comportamiento determina cómo un animal interactúa con su ambiente, y por tanto está estrechamente ligado a su supervivencia y a su éxito reproductivo. Es el principal mediador entre un animal y su ambiente, lo que le convierte en uno de los más importantes determinantes de la eficacia y, en último término, del cambio evolutivo.

En palabras de Drickamer y Gowaty «el comportamiento es el conjunto de herramientas con las que un animal juega el juego evolutivo» (2019). Estudiar el comportamiento animal es, por tanto, esencial para comprender el proceso evolutivo.

- La etología es una disciplina integradora que desafía los límites interdisciplinares tradicionales y permite establecer nexos de unión entre disciplinas tan dispares como la biología molecular, la fisiología o la ecología, que de otro modo trabajarían aisladas las unas de las otras. En este sentido, la etología es probablemente la más sintética e integradora de todas las disciplinas biológicas.

- El estudio del comportamiento animal proporciona resultados prácticos de gran utilidad económica y social. En concreto, la etología tiene aplicaciones prácticas que permiten resolver algunos de los graves problemas que plantea la convivencia con otras especies animales (animales domésticos, especies de interés comercial, fauna salvaje). El comportamiento es, por ejemplo, un elemento decisivo en el diseño de medidas eficaces con relación al bienestar animal y la conservación de la biodiversidad.

Mi primer contacto formal con la investigación en etología fue por medio de mi tesina (tesis de licenciatura, equivalente a los trabajos de fin de máster actuales). En las décadas de 1970 y 1980 se publicaron varios trabajos que afirmaban que los perros domésticos son incapaces de formar grupos sociales estables y cohesivos como los que forman los lobos y otros cánidos. Para comprobar si realmente era así, decidí llevar a cabo un estudio sobre el comportamiento social de los perros vagabundos en el medio urbano. Al no haber especialistas en etología en nuestra facultad, tuve que buscar un director fuera de Valencia. Afortunadamente, conseguí contactar con Jordi Sabater Pi, profesor de la Universidad de Barcelona, que amablemente aceptó dirigir mi tesina. Jordi Sabater Pi está considerado como uno de los pioneros de la etología en España, y sus trabajos sobre el comportamiento de gorilas y chimpancés gozan de reconocimiento internacional. Su influencia y su apoyo fueron decisivos en mi decisión de continuar mi formación como etólogo en la Universidad de Tennessee (Knoxville, USA), una de las pocas universidades estadounidenses que ofrecían un programa de doctorado en etología. Entonces, como ahora, encontrar una persona competente y que esté dispuesta a asesorarnos y a orientarnos es determinante en el éxito de una carrera profesional.

Las estancias en universidades extranjeras para realizar estudios de posgrado son ahora relativamente habituales. Sin embargo, a principios de los años ochenta, viajar a Estados Unidos para cursar un doctorado era algo excepcional. En mi caso, la aventura resultó tremendamente enriquecedora, tanto en lo académico como en lo personal –una de esas experiencias que te marcan para toda la vida–. Como parte de mi doctorado, tuve la oportunidad de visitar la isla de Barro Colorado (Panamá), una de las estaciones biológicas más conocidas y con más solera del mundo, contratado por el Smithsonian Tropical Research Institute (STRI) para estudiar el comportamiento de la iguana verde. Durante varios meses me dediqué a recorrer con una pequeña lancha a motor las penínsulas que rodean Barro Colorado, capturando iguanas a las que les implantaba quirúrgicamente transmisores de radio para su posterior radioseguimiento. Eso me permitió estudiar el comportamiento espacial y especialmente las trayectorias seguidas por las iguanas durante la época de la reproducción, cuando cientos de hembras se desplazan a pequeños claros de la selva para construir los nidos en los que depositan sus huevos. Mi investigación en los Estados Unidos implicaba fundamentalmente trabajo de laboratorio con lagartos del género Anolis, pero también tuve ocasión de colaborar en el trabajo de campo de otros estudiantes, especialmente en Florida, donde pude familiarizarme con el comportamiento de tortugas y cocodrilos en estado salvaje. Tras seis años de estudio, trabajo y la esporádica actividad extraacadémica, en 1988 obtuve el doctorado en etología, y poco después regresé a España como becario de reincorporación. Las posibilidades de especializarse en una disciplina como la etología son ahora mucho más amplias de lo que lo eran hace cuarenta años. Hasta hace poco, incluso existía una discreta oferta de programas de máster y doctorado en etología en nuestro país, pero debido a los cambios en los planes de estudio y a otras vicisitudes, la mayoría han desaparecido. En contraste, las posibilidades de especialización en comportamiento animal fuera de nuestras fronteras se han multiplicado.

Desde mi incorporación a la Universidad de Valencia, mi investigación se ha centrado fundamentalmente en el estudio de la comunicación animal. La comunicación ha sido y sigue siendo uno de los temas favoritos de muchos etólogos. No en vano, algunos de los comportamientos más llamativos y sorprendentes que exhiben los animales funcionan como señales comunicativas. Pero la comunicación es un tema de estudio tan rico y tan complejo como las propias señales comunicativas que intenta explicar. Con la inestimable ayuda de un puñado de entusiastas estudiantes y colaboradores, he investigado sobre comunicación química en escarabajos, comunicación acústica en lobos y comunicación química y visual en lagartos, especialmente lacértidos. Nuestros trabajos con lagartos han puesto de manifiesto la inesperada complejidad de sus sistemas de comunicación y han desvelado aspectos novedosos o insuficientemente documentados de su comportamiento. Entre estos, cabe destacar la discriminación específica y el reconocimiento individual mediante estímulos químicos, la presencia de patrones de coloración en el ultravioleta en algunas especies de lacértidos, la existencia de fenómenos de dicromatismo sexual críptico, la primera demostración de sensibilidad en el ultravioleta y visión tetracromática en un lacértido, la utilización de movimientos de pataleo como señales sociales y señales de disuasión dirigidas a depredadores, la existencia de apareamiento concordante en poblaciones de lagartos con polimorfismos de coloración, la relación entre el polimorfismo de coloración y la selección intrasexual, la utilización de manchas de color como señales de calidad en los combates entre machos, y el efecto de la insularidad sobre los sistemas comunicativos de los lagartos. Además, hemos realizado varias contribuciones teóricas que han abordado cuestiones tan esenciales como la propia definición de comunicación, la evolución de la fiabilidad y el engaño en los sistemas de comunicación animal, y el mimetismo. Investigar en etología es fascinante, pero dado que muchos de los que nos dedicamos a esto hacemos lo que se conoce como investigación básica o fundamental, sufrimos más que otros la falta endémica de financiación que caracteriza a la ciencia española.

La investigación y la docencia no son, por supuesto, las únicas salidas profesionales a las que puede aspirar alguien que esté interesado en el comportamiento animal. Aunque mis contactos con la etología aplicada han sido meramente esporádicos, esta vertiente de la etología ofrece un gran potencial de desarrollo futuro, especialmente en España. Un área especialmente prometedora es el tratamiento de los problemas de comportamiento de los animales domésticos. Se estima que en torno al 50 % de los problemas que llevan a perros y gatos a la consulta del veterinario están relacionados directa o indirectamente con su comportamiento. Por ese motivo, en países como Reino Unido o Estados Unidos, es habitual que las clínicas veterinarias cuenten, además de con uno o más veterinarios clínicos, con un especialista formado específicamente en el diagnóstico y tratamiento de problemas de comportamiento. Desgraciadamente, en nuestro país esa práctica todavía no está extendida. Los veterinarios clínicos normalmente carecen de formación especializada en comportamiento animal, y el lugar del etólogo clínico o aplicado a menudo acaba siendo ocupado por autoproclamados «expertos» sin formación específica que se dedican a imitar lo que han visto en algún programa de televisión y a perpetuar mitos relativos al comportamiento animal.

El comportamiento animal ha pasado en las últimas décadas a ocupar una posición central a la vanguardia de la biología moderna (Strassmann, 2014). Hay quien opina que el estudio del comportamiento animal es ciencia blanda o una opción académica fácil. Nada más lejos de la realidad. El nivel de exigencia, preparación y especialización necesarios para estudiar el comportamiento es comparable, y en muchos casos supera, al requerido en otras disciplinas biológicas. La principal contribución de Lorenz, Tinbergen y von Frisch, los tres galardonados con el Premio Nobel, consistió en traer el estudio del comportamiento al ámbito de la biología. Ellos demostraron que el comportamiento es, en esencia, como cualquier otro carácter biológico, sujeto a las mismas posibilidades y restricciones mecanísticas y evolutivas. A nosotros nos corresponde defender la legitimidad del estudio biológico del comportamiento.

4.3 Educación ambiental

Aunque es muy variado el abanico de profesiones que se dedican a la educación ambiental, mi experiencia en este ámbito es que hay muchos biólogos/as dedicados a ser educadores ambientales. Y ello sin tener en la actualidad una asignatura dentro del grado, cosa que sí ocurre en el grado de Ciencias Ambientales, donde es una asignatura de cuarto curso. Anteriormente, existió una asignatura de libre elección en el campus de Burjassot que cursaron muchos biólogos/as. Y se pueden cursar másteres relacionados con la educación ambiental, cuyo pionero fue el máster de la UNED dirigido por la profesora María Novo. Durante varios años la UV participó junto con otras siete universidades en el Doctorado Interuniversitario de Educación Ambiental, auspiciado por el Ministerio de Medio Ambiente, que cedía las instalaciones del CENEAM (Centro Nacional de Educación Ambiental) en Valsain (Segovia) para que profesorado y alumnado se reunieran dos veces al año para desarrollar las asignaturas de manera intensiva. Resultado de este doctorado es la serie de publicaciones sobre investigaciones en educación ambiental y educación para el desarrollo sostenible que pueden consultarse en la web del CENEAM, como todo aquello relacionado con la educación ambiental.

En la actualidad, la UNED sigue impartiendo el Máster en Educación Ambiental y Desarrollo Sostenible, y también se puede cursar un máster en educación ambiental en las universidades andaluzas de Granada, Málaga, Cádiz, Córdoba, Almería, Huelva y Pablo de Olavide, y en diversos centros privados.

Lo cierto es que, desde la implantación hace pocos años, dentro de la rama Seguridad y Medio Ambiente de la Formación Profesional, del ciclo formativo Técnico Superior en Educación y Control Ambiental, el panorama ha cambiado. Como cualquier FP, esta formación se divide en dos cursos, de un total de 2.000 horas, entre las que se cuentan las prácticas profesionales en empresas. Para acceder a una FP superior de manera directa se requiere el título de bachillerato o uno equivalente. Y está claro que esto supone una mayor competencia en este sector, en el que hemos sido pioneros. También está claro que la función de cada uno será distinta, como viene discutiéndose desde hace tiempo en las distintas asociaciones de EA existentes. Durante casi veinte años ha estado funcionando, en la Comunitat Valenciana, AVEADS (Asociación Valenciana de Educación Ambiental y Desarrollo Sostenible), de la que he sido su presidenta y que en la actualidad se ha disuelto para fusionarse en una única asociación junto a los socios de AVEDAM, otra asociación de educación ambiental. Esperemos que se siga promoviendo la educación ambiental y a los educadores/as ambientales. Una de las últimas aportaciones de AVEADS ha sido una Guía del Educador Ambiental para la Diputación de Valencia.

Muchos de los equipamientos y servicios de educación ambiental de la Comunitat Valenciana han sido puestos en marcha a lo largo de los años por biólogos/as, verdaderos emprendedores en el sector, y lo mismo cabe decir de los equipamientos públicos.

Una bióloga que ha seguido de cerca el devenir de la educación ambiental en lo público en la Comunitat Valenciana y la ha protagonizado en gran parte es Patricia Callaghan, que siempre ha estado dispuesta a contarnos su peripecia vital.

Educación ambiental, Patricia Callaghan Pitlik

Licenciada en Ciencias Biológicas por la Universidad de Valencia, terminé los estudios en el 1984. Estudiar en el Campus de Burjassot Biología fue, para mí, vocacional. Además, se afirmaba por aquel entonces que era una disciplina con futuro.

Por otra parte, no había otra temática que me agradara más.

Al licenciarme, continué mi formación en el ICE (Instituto de Ciencias de la Educación de la Universidad de Valencia) dentro del Plan para el perfeccionamiento del profesorado mediante el curso «Análisis de datos y diseño experimental en Biología. Una aproximación conceptual del profesorado». Me preparaba, también, por si el futuro me encaminara a la enseñanza, aunque finalmente mi actividad profesional se decantó por la investigación y la carrera administrativa.

Es verdad que al terminar la especialidad de Zoología, y enfocar mi profesión hacia la educación ambiental, me di cuenta de la carencia formativa en ciencias sociales que adquirí a través de un Diploma de Postgrado en Educación Ambiental del Departamento de Didáctica de las Ciencias Experimentales, de la Universidad de Valencia, en 1993, un curso de Interpretación del Patrimonio Natural del Colegio Oficial de Biólogos de la Comunitat Valenciana, en 1994, y el Máster de Educación Ambiental celebrado en el CENEAM, en 1997, que me facilitaron las herramientas necesarias para afrontar el reto de la comunicación, sensibilización y participación de la población en los temas ambientales, tarea que me apasionaba.

Paralelamente continué mis estudios con otros diplomas como el de Evaluación de Impacto Ambiental de la Universidad de Valencia en 1988 o el de Recursos Hídricos y Gestión Medioambiental de las zonas húmedas mediterráneas, de la Universidad Internacional Menéndez y Pelayo en 1993, un curso de gestión de la contaminación atmosférica del Institut Valencià d'Administració Pública en 2009, así como a todo tipo de cursos y jornadas medioambientales, de conocimiento de idiomas y del uso de la informática que contribuyeron a conseguir los conocimientos que necesité en todas las tareas que afronté.

Actividad profesional

Mi formación en zoología me llevó inicialmente a centrarme en la investigación de fauna, siendo incluida en el concurso sobre la concesión de becas del CEIC (Centre d'Estudis i Investigacions Comarcals Alfons el Vell), para investigaciones de interés comarcal con el proyecto «La ecología del Carricero Tordal (Acrocephalus arundinaceus) en los marjales de La Safor» en 1984. Posteriormente, durante los años 1986 y 1988 participé en los Censos de Aves Invernantes de la Comunidad Valenciana y en numerosos trabajos de avifauna como socia de la Estación Ornitológica l'Albufera y la Sociedad Española de Ornitología. En 1987 participo en un estudio de los culícidos de la Devesa de L'Albufera, aprendiendo del servicio de control de mosquitos del Baix Llobregat, creado en 1983.

En realidad, inicié mi trayectoria laboral en 1989 trabajando en la Oficina Técnica Devesa-Albufera, un lugar privilegiado donde tuve la oportunidad de formar parte del equipo que, liderado por Guillermo de Felipe Datas, comenzó la reconstrucción y protección de lo que hoy es el Parque Natural de l'Albufera.

Tras unos años de voluntariado en la zona, fui seleccionada por el Ayuntamiento de Valencia como profesora de la Casa de Oficios Devesa-Albufera, un programa público de empleo-formación que tiene como finalidad la inserción de desempleados jóvenes a través de su cualificación en alternancia con la práctica profesional, en ocupaciones relacionadas con la recuperación o promoción del patrimonio artístico, histórico, cultural o natural. De esta manera se formó en el conocimiento del medio natural del parque a un grupo de personas que posteriormente pudieron optar a trabajar en este incomparable entorno.

Ese mismo año, la creación de la Agencia del Medio Ambiente, como órgano de la Generalitat Valenciana con competencias coordinadoras y de gestión en una variada gama de materias medioambientales hizo posible que me incorporase en el Servicio de Espacios Naturales para trabajar en la creación del Programa de Educación Ambiental en Parques Naturales y en el diseño de los Centros de Información e interpretación de algunos de los Espacios Naturales, que se empezaban a declarar como Espacios Protegidos.

De 1989 a 1997, como Técnica de Educación Ambiental, participé del diseño y puesta en funcionamiento de los primeros Centros de Información de Parques Naturales y de rutas, exposiciones y otros recursos didácticos como las unidades didácticas de flora, fauna y ecosistemas para los visitantes. El primero, el Centro de Información del Racó de l'Olla y las caballerizas del viejo hipódromo transformado para la sociedad valenciana en reserva de flora y fauna y Centro de Información e Interpretación del patrimonio natural. Durante el primer año diseñamos el Programa de Educación Ambiental en los Espacios Naturales Protegidos y en el año 1994, se alcanzó la cifra de más de 270.000 visitantes a los que se atendió en los Parques del Prat de Cabanes-Torreblanca, Desert de les Palmes, Columbretes, Albufera, Montgó, Ifac, Font Roja, Santa Pola, y Fondó, con un equipo de educadores ambientales a quienes desafortunadamente no se pudo dotar de estabilidad laboral en años posteriores.

En estas fechas, también se iniciaron campañas educativas para la protección de uno de los vertebrados en mayor peligro de extinción de la Comunitat, el samaruc (*Valencia hispánica*), en colaboración con profesores, alumnos y asociaciones y cuyos objetivos siguen en la actualidad con el trabajo realizado por especialistas de la Piscifactoría del Palmar.

Durante estos años, el esfuerzo en la tramitación de una orden de subvención conjunta con la Conselleria de Educación facilitó a numerosos centros escolares de la Comunitat realizar proyectos de educación ambiental en los parques naturales. En el campo del voluntariado trabajé en el proyecto europeo Coastwatch diseñado en Irlanda en 1987 donde la Comunitat Valenciana con 474 km de costa mediterránea participaba desde octubre de 1990, con inspecciones realizadas con personas voluntarias para detectar y analizar las agresiones sufridas en ella. En el 1993 me incorporé en la Asociación Valenciana de Educación Ambiental (AVEADS) donde continúo trabajando en la actualidad.

Estaba todo por hacer y el trabajo fue ilusionante.

Entre muchos avatares, en 1997, la Conselleria de Medio Ambiente logró crear una Dirección General de Educación Ambiental donde participé en la creación del Centro de Educación Ambiental de la Comunitat Valenciana, un centro referente hasta la actualidad.

En 1998, con el objetivo de incrementar el acceso de la ciudadanía a los programas educativos, elaboramos la idea de una unidad móvil que pudiera recorrer toda la Comunitat y ve la luz «El Ambibús, medio ambiente en ruta», un autobús dotado de alta tecnología que trasladó a numerosos municipios los conocimientos que permitieron una mayor sensibilización en materia ambiental.

Como, además de formación, hay que tener algo de suerte, por fortuna coincidí, en uno de los Seminarios de Espacios Naturales Protegidos celebrado en Sevilla, con Susana Calvo Roy, quien trabajaba en el mismo tema que yo y con idéntica ilusión desde el Ministerio de Medio Ambiente. Este hecho me llevó a participar de la elaboración de la Estrategia de Educación Ambiental bajo su coordinación y en colaboración con otras comunidades autónomas redactando el Libro Blanco de la Educación Ambiental en España, inspiración de muchos profesionales que se publicó en 1999 y de cuya revisión participo en la actualidad con el PAEAS, Plan de Acción de Educación Ambiental coordinado por el Centro Nacional de Educación Ambiental.

En 1999 trabajamos en los programas formativos del Programa de Formación Ocupacional en Educación Ambiental cofinanciado por el Fondo Social Europeo.

En el 2001, la Dirección General pasó a tratar temas relacionados con Calidad Ambiental, y ya no es la educación ambiental su exclusividad, pero conseguimos unas sesiones de trabajo con los principales actores institucionales como apoyo a las Agendas 21 y al inicio de la Estrategia Valenciana de Educación Ambiental para el Desarrollo Sostenible (EVEADS), editándose el documento preliminar en 2005.

Posteriormente, en 2006 organizamos un proceso participativo con trece sectores de la sociedad analizando diagnóstico de necesidades, actores, empresas y organizaciones proactivas.

Mi voluntad de explorar otros campos y la entrada en vigor de nuevas directivas europeas, como la Directiva de Prevención y control de la contaminación, me condujeron hacia el mundo de la sensibilización medioambiental de las empresas más contaminantes y allí, como jefa de servicio, trabajé en esta materia de 2006 a 2016. Concretamente, en la Autorización Ambiental Integrada, resolución dictada por el órgano competente de la comunidad autónoma en la que se ubique la instalación, por la que se permite, a los solos efectos de la protección del medio ambiente y de la salud de las personas, explotar la totalidad o parte de una instalación, bajo determinadas condiciones, destinadas a garantizar el cumplimiento de la Ley de Prevención y Control Integrados de la Contaminación.

En un conjunto de medidas que se aplican a las instalaciones con elevado poder contaminante, este mecanismo se basa en prevenir la contaminación actuando preferentemente en la fuente y persigue que las actividades gestionen prudentemente los recursos y reduzcan al máximo los residuos y las emisiones a la atmósfera, a las aguas y a los suelos. Con esta nueva regulación, se pretendió prevenir, reducir y, en la medida de lo posible, eliminar la contaminación, a través de una visión integrada de todos los procesos que la originan y actuando directamente sobre la fuente.

En 2016 desde la Dirección de Prevención de Incendios Forestales se retoma la voluntad de dotar al ámbito autonómico valenciano de un marco para la educación ambiental y trabajo para el Servicio de Conciliación de Usos y Sensibilización Ambiental, en una campaña de comunicación conocida como #Stopalfoc, y en voluntariado forestal. También elaboro una Orden de ayudas a los ganaderos para pastar en áreas de defensa contra los incendios y me encargué de coordinar mesas de Concertación Post-incendio, un espacio para identificar problemas comunes y estimular equipos de trabajo que faciliten el intercambio de información para la toma de decisiones. Son foros abiertos, flexibles y eficaces para la comunicación, también para trabajar la restauración posincendio, junto con los actores del territorio afectado, para definir de esta manera las actuaciones a llevar a cabo para evitar que se vuelva a quemar contando con participación de la sociedad.

En esta larga carrera administrativa me encuentro en la actualidad como coordinadora de agentes medioambientales, un colectivo de más de 200 mujeres y hombres que desempeñan entre otras funciones la de la vigilancia ambiental.

Finalmente, he de destacar la importancia de trabajar por el bien común en asociaciones sin ánimo de lucro o asociaciones de carácter profesional como el Colegio de Biólogos donde tengo el honor de ser vicedecana y trabajar por la defensa de la profesión que he defendido durante treinta años, con la misma ilusión y vocación que espero tengáis los futuros profesionales.

4.4 Otros ámbitos relacionados con la educación: educación no reglada: formación ocupacional, escuelas taller

Además de todo lo visto, también existe educación no reglada, como las escuelas taller y las casas de oficios, y si las menciono aquí de nuevo es porque tenemos profesionales de la biología trabajando también en este tipo de enseñanza.

Las escuelas taller y las casas de oficios constituyen un programa público de empleo-formación que tiene como finalidad la inserción de desempleados jóvenes menores de veinticinco años, a través de su cualificación en alternancia con la práctica profesional, en ocupaciones relacionadas con la recuperación o promoción del patrimonio artístico, histórico, cultural o natural, así como con la rehabilitación de entornos urbanos o del medio ambiente, la mejora de las condiciones de vida de las ciudades y cualquier otra actividad de utilidad pública o de interés general y social que permita la inserción a través de la profesionalización y experiencia de los participantes.

Estas escuelas taller pueden ser promovidas tanto por entes públicos de la Administración General del Estado y de las comunidades autónomas como por ayuntamientos, consorcios, asociaciones, fundaciones y otras entidades sin ánimo de lucro. Pero predominan las auspiciadas por los ayuntamientos. Todos estos entes se pueden acoger a un programa de subvenciones del Servicio Público de Empleo Estatal perteneciente al Ministerio de Trabajo y Economía Social. También hay subvenciones por parte de la Generalitat Valenciana.

Las escuelas taller son proyectos de carácter temporal en los que el aprendizaje y la cualificación se alternan con un trabajo productivo en actividades relacionadas, como ya he mencionado, con la recuperación o promoción del patrimonio artístico, histórico, cultural o natural y con la rehabilitación de entornos urbanos o del medio ambiente. Ofrecen formación para el empleo a jóvenes de entre 16 y 25 años, de ambos sexos y escasos recursos, con escasas posibilidades de formación, mediante una metodología eminentemente práctica, en la que se aprende haciendo y en la que prima la formación en escenarios reales en una obra o servicio, de utilidad para la comunidad donde se ubican los diferentes proyectos.

Hay que decir que, a través de la AECID (Agencia Española de Cooperación Internacional para el Desarrollo), el Programa de Escuelas Taller y Casas de Oficios puede desarrollarse en el extranjero, en el ámbito de la colaboración internacional y en los términos acordados entre el Ministerio de Trabajo, Migraciones y Seguridad Social y el Ministerio de Asuntos Exteriores y de Cooperación, lo que permite a los profesionales intervenir en estos programas de cooperación internacional en otros países, que puede ser una opción interesante, aunque la duración de estos programas sea corta, de entre 9 meses y un año. Este programa lleva desarrollándose desde hace más de treinta años.[4]

Otro ámbito en el que pueden trabajar las personas que estudian Ciencias Biológicas es el de la educación para la salud, en temas relacionados con epidemiología o en algunas especialidades de formación profesional, aunque el camino es cada vez más complejo por la competencia de las otras profesiones sanitarias.

[4] <https://www.aecid.es/ES/d%C3%B3nde-cooperamos/alc/programas-horizontales/programa-de-escuelas-taller>.

Capítulo 5

Producción y calidad

5.1 Investigación y desarrollo

En esta división de los temas que estamos siguiendo, que es la que hizo en su día el Consejo General de Colegios de Biólogos, dentro de este capítulo sobre producción y calidad aparece la investigación, pero sobre todo la investigación aplicada, puesto que ya en los capítulos precedentes hemos hablado también de investigación.

En la asignatura Competencias, además de las charlas de profesionales, hacíamos visitas a empresas y centros de investigación, que colaboraban siempre muy amablemente con la Facultad en estas visitas del alumnado, explicando lo que se hacía en cada centro o empresa. Con el alumnado de Biotecnología visitamos cada año la empresa Biópolis, sobre la que a continuación podemos leer por su fundador, Daniel Ramón. Biópolis está ubicada en el Parc Científic de la Universitat de València (uv) y no dejaba de sorprenderme que, cada año, entre 2008 y 2016, cuando en la visita nos decían cuántos eran, la plantilla aumentara significativamente, lo que indicaba la buena marcha de la empresa. Hoy ya son 120 personas y la empresa ha sido adquirida por la multinacional americana Archer Daniels Midland. Y no puedo dejar de contar la anécdota recurrente de cada año. Cuando salíamos de hacer la visita a Biópolis, los futuros biotecnólogos/as decían a coro «Yo quiero trabajar aquí», «Este es mi centro de trabajo soñado». Esta empresa es un gran ejemplo de éxito, pero no es la única.

Otro referente de éxito, sito también en el Parc Científic de la uv, es la empresa Instituto de Medicina Genómica (Imegen), firma puntera en el sector de la genética y la genómica que cuenta con un equipo de científicos especializados con más de veinte años de experiencia. En 2017, los grupos inversores Q-Growth Fund y Biolty compraron la mayoría del capital de esta empresa valenciana y, en 2019, la compañía se fusionó con las empresas de diagnóstico genético Genycell Biotech y Health in Code, en un nuevo grupo cuyo accionista principal es Alantra Private Equity.

En un artículo de prensa aparecido en 2021, la bióloga cofundadora de Imegen, Ángela Pérez, fundadora y vicepresidenta de LifeScience, de la empresa biotecnológica Health in Code, afirmaba: «Tenemos un montón de empresas dedicadas a diagnóstico genético entre las cuales yo he estimado que en la Comunitat Valenciana se está realizando entre el 30 y el 35 % de todo el diagnóstico genético a nivel privado de España. Esto es un auténtico polo de desarrollo». Pérez, que es también la actual presidenta de Bioval, que es la Asociación de Empresas y Entidades del sector BIO, que engloba la biotecnología, biomedicina y bioeconomía, y que constituyen el clúster de la Comunitat Valenciana, afirmaba: «Existen no menos de 40 empresas basadas en biotecnología repartidas entre el Parc Científic de la UV y el Parque Tecnológico, el CEEI, el Biopolo de la Fe, el Príncipe Felipe y en mayo se inaugurará un espacio como Biohub». En este camino, Pérez destaca palancas de crecimiento como la cultura del emprendimiento en la Comunitat Valenciana, la cantera de talento de universidades y centros de investigación y los numerosos casos de éxito que actúan como bola de nieve. Ángela Pérez obtuvo el Premio Jaime I 2022 en la modalidad «Emprendedor».

También aparecían en este artículo de 2021 otros ejemplos de empresas nacidas en al Parc Cientific de la UV y lideradas por biólogos, como son Highlight Therapeutics y Arthex Biotech.

De la primera, liderada por Damiá Tormo, se decía:

> El pasado año, también la compañía valenciana Highlight Therapeutics, cerraba una ronda de financiación de 22,6 millones de euros liderada por el fondo español Columbus Life Science y el inglés Advent Life Science. Highlight Therapeutics –anteriormente Bioncotech Therapeutics– es la empresa biotecnológica responsable del desarrollo de la primera immuno-oncología española, BO-112. Un tipo de tratamiento contra el cáncer que se caracteriza por hacer frente a la patología mediante la estimulación del propio sistema inmunológico del paciente.

Damiá Tormo es socio gerente y fundador de Columbus Venture Partners, que, como se puede leer en su página web, «es una sociedad gestora de capital riesgo española orientada al impulso y desarrollo de empresas que emergen en un sector de gran recorrido como es el biotecnológico y las ciencias de la salud».

Otro ejemplo interesante es Arthex Biotech (ARTHEX), *spin-off* de la Universitat de València en el Parc Científic. Ha cerrado una ronda de financiación de 4,2 millones de euros que da nuevo impulso al desarrollo de una terapia contra la distrofia miotónica tipo 1 (DM1), una enfermedad neuromuscular rara de origen genético que provoca debilidad crónica y acorta la esperanza de vida. La empresa tiene previsto iniciar los ensayos clínicos en humanos en 2022. El grupo de investigación de genómica traslacional de la Universitat de València, encabezado por el catedrático de Genética Rubén Artero, validó hace dos años una nueva diana terapéutica para la DM1 y desarrolló moléculas que permiten recuperar síntomas de la distrofia muscular. La invención fue patentada y la prueba de concepto, en un modelo animal, se publicó en la revista *Nature Communications*. La terapia fue patentada y licenciada a Arthex por la Universitat de València. La empresa recibió el año pasado capital semilla procedente del fondo de inversión Invivo Ventures y también del programa CDTI-INNVIERTE, sumando así un total de 6,95 millones de euros para la investigación y el desarrollo de una nueva terapia para esta enfermedad que, en la actualidad, no tiene cura.

Estos son solo algunos ejemplos del sector emergente de la biotecnología y la biomedicina que tenemos en la Comunitat Valenciana y que puede orientar el camino que seguir por todos aquellos/as que quieran dedicarse a estos campos. Y los ejemplos siguen y siguen. Hoy mismo, marzo de 2023, consulto la página web de la UV y me encuentro con la siguiente noticia:

> La empresa de biotecnología valenciana, Darwin Bioprospecting Excellence ha sido galardonada con el premio QIA (Quality Innovation Awards) como una de las pymes más innovadoras del mundo por la búsqueda de microorganismos con diferentes aplicaciones industriales.
>
> La entrega del galardón ha tenido lugar en Kazajistán donde han acudido el CEO de la empresa, Manuel Porcar, y Jordi Sebastiá, director de relaciones externas del Instituto Valenciano de Competitividad Empresarial (IVACE), que ha acompañado y asesorado a la empresa en todas las fases de este premio.
>
> Este año, los premios QIA, en los que colabora la Asociación de Centros Promotores de la Excelencia de España, entre los que se encuentra el Ivace, ha celebrado su decimosexta edición con un total de 728 candidaturas registradas, de las cuales sólo 24 han sido premiadas a nivel mundial siendo Darwin Bioprospecting, una spin-off de la Universitat de València (UV), la única representante de la Comunitat Valenciana.
>
> Manuel Porcar, CEO de DARWIN, explica que « es un reconocimiento a un modelo de negocio que en el caso de esta empresa consiste en el desarrollo de nuevos productos para la industria basados en microorganismos y en estrecha colaboración con cada uno de los clientes». Y es que, más allá de los probióticos, la diversidad microbiana ofrece un sinfín de posibilidades: existen microorganismos

capaces de degradar plástico, producir biogás o descontaminar aguas ricas en sulfatos, entre otras.

Por su parte el director de relaciones externas del Ivace, Jordi Sebastià, ha mostrado su satisfacción por que la Comunitat Valenciana siga estando en el mapa mundial de la innovación gracias al esfuerzo y trabajo de empresas punteras como Darwin Bioprospecting, al tiempo que ha resaltado la apuesta del Ivace y la Conselleria de Economía Sostenible por la innovación como motor de crecimiento.

Siempre he recomendado a los futuros profesionales que una buena manera de ver lo que hay en este ámbito es consultar la página web del Parc Científic de la UV, donde pueden verse las muchas empresas existentes. Es cierto que algunas de ellas desparecen al poco tiempo, pero también lo es que algunas vienen permaneciendo, como hemos visto, más de veinte años después de su inicio y que otras se han ido para consolidarse en otro lugar, como por ejemplo el Parque Tecnológico de Paterna, donde también existen muchas empresas relacionadas con los ámbitos de la biología y la biotecnología.

El Parc Científic no deja de ser noticia: acaba de presentarse AgrotecUV, una aceleradora especializada en el sector agroalimentario que aboga por el impulso de compañías tanto internas como externas a la Universitat, proporcionándoles servicios, infraestructuras, formación y asesoramiento a los proyectos innovadores incubados para facilitar su desarrollo a través de programas adaptados según su estado de madurez. Está liderada por el actual director del Parc Científic de la UV, el catedrático de Bioquímica y Biología Molecular Pedro Carrasco. El proyecto empezó en 2021 y cuenta actualmente con 14 compañías en fase de aceleración, con un esquema que busca incrementar las relaciones de grupos de investigación con las empresas, que pueden ir desde sectores de tecnología de la alimentación hasta la biotecnología. AgrotecUV pretende favorecer la transferencia de conocimiento a empresas agroalimentarias y proporcionar soluciones de base científico-tecnológica adaptadas a los retos de las empresas del sector.

También existen parques científicos en la Universidad Miguel Hernández de Elx (UMH), el Parque Científico de Alicante (PCA) y el Espaitec de la Universitat Jaume I (UJI) de Castelló.

Otros centros a los que íbamos de visita eran el Instituto de Agroquímica y Tecnología de Alimentos (IATA), perteneciente al Consejo Superior de Investigaciones Científicas (CSIC), situado junto al Parc Científic de la UV en Paterna, con más de veinte grupos de investigación en tres áreas: ciencia de alimentos, biotecnología de alimentos y tecnologías de conservación y seguridad alimentaria. Y también hemos visitado el Centro de Investigaciones Príncipe Felipe (CIPF), auspiciado por la Generalitat Valenciana, que cuenta también con más de veinte equipos de investigación y está ubicado junto al Oceanogràfic de València.

Además del IATA en Valencia existen otros Institutos del CSIC, que es el principal referente de investigación pública en España, como son el Instituto de Biomedicina de Valencia (IBV), sito en la calle de Jaime Roig, el Instituto de Biología Molecular y Celular de plantas (IBMCP), en el campus de la UPV, el Instituto de Acuicultura de Torre La Sal, en Castelló, junto al Parque Natural del Prat de Cabanes Torreblanca, y el Centro de Investigaciones sobre Desertificación (CIDE), que ya mencioné en el capítulo sobre el medio ambiente. Es interesante consultar la página web de la delegación del CSIC en la Comunitat Valenciana para tener toda la información (https://delegacion.comunitatvalenciana.csic.es/centros-institutos/).

Y si menciono todas estas empresas y centros es porque en cada uno hay muchas personas trabajando que se han formado en diferentes ramas de la biología, la bioquímica y las ciencias biomédicas y la biotecnología, junto a otras profesiones.

Como decía, siempre hemos contado, a pesar de sus muchas ocupaciones, con la presencia de Daniel Ramón, entre muchas otras cosas, fundador de Biópolis; cuando le pedíamos que viniera a contar al alumnado su peripecia vital, y de nuevo ha estado dispuesto a colaborar y escribirla para este libro.

Mi vida como biólogo, Daniel Ramón[1]

La verdad es que no estaba predestinado a ser biólogo. Nací en un entorno familiar de comerciantes. Mi abuelo materno tenía una fábrica de cinturones. La familia de mi padre llevaba más de tres generaciones vendiendo pollos y carne en paradas del Mercado Central de Valencia o en tiendas localizadas en las calles de sus alrededores. Y así recuerdo mi adolescencia, estudiando, jugando al futbol y ayudando en la pollería o en la parada del Mercado Central a mi abuela, a mi padre o a mi madre. Así hasta que cumplí diecisiete años,

---

[1] Daniel Ramón Vidal, Archer Daniels Midland-Biópolis.

iba a acabar el Bachillerato y debía tomar una decisión importante: ir a la universidad o dedicarme al negocio familiar.

Sinceramente, creo que mis padres lo tenían mucho más claro que yo. Ellos querían que hiciera una carrera universitaria. Yo no estaba tan entusiasmado, pero entendía que quisieran que yo llegara donde ellos no habían podido llegar por muchos motivos de esa España de posguerra. Así que decidí que empezaría la universidad. El problema era qué carrera estudiar. Siempre he pensado que mis padres deseaban que hubiera empezado Derecho, Económicas o incluso Medicina. Tenía buena nota de Bachillerato, podía hacerlo. Pero mi decisión se basó en otros considerandos mucho más obvios: decidí ir a la universidad donde estudiaran la mayoría de mis amigos del colegio, simplemente por no perder el contacto. Y casi todos habían decidido ir a la Universidad Politécnica a estudiar Arquitectura o alguna de las ingenierías que entonces se ofertaban. Por eso decidí estudiar en la Escuela de Ingenieros Agrónomos. Aún recuerdo el día que me enteré de las asignaturas de primer curso: álgebra, cálculo infinitesimal, física teórica, química inorgánica y dibujo técnico. Como cabía esperar, el resultado fue un desastre: solo aprobé el álgebra. Pero fue un desastre del que aprendí dos cosas fundamentales: por un lado, que las decisiones importantes hay que meditarlas y, por otro, que de los fracasos se aprende más que de los éxitos.

Fue entonces cuando mi padre me dio una segunda oportunidad. Y decidí, siguiendo los consejos de Vicente Moreno, entonces un estudiante de tesis doctoral y ahora uno de los mejores genetistas vegetales de nuestro país, comenzar Biológicas. Me sentí cómodo desde el primer día que llegué a aquel campus de Burjassot que se abría en aquel curso. Todo era nuevo y estaba a medio hacer. Pasé primero y segundo sin problemas, hasta con notas, y llegó tercero. Y llegó el primer día de clase de Microbiología. Nos habían contado los compañeros del curso anterior que ese año llegaba un catedrático nuevo que venía de Bilbao. Y efectivamente, ese día llegó con sus gafas oscuras y su bata blanca impoluta. Se presentó diciendo que se llamaba Federico Uruburu, un apellido palindrómico, y empezó a narrarnos la historia de la microbiología. Me fascinó, tanto por lo que contaba como por cómo lo hacía. Por eso cuando dijo que buscaba alumnos internos para el departamento me apunté rápidamente en la lista. Y supongo que con la ayuda de Elena Alcaide y Tomás Huerta fui uno de los que tuvo la fortuna de ser acogido. Y a partir de ahí solo tengo buenos recuerdos de aquel departamento en el que me crie como científico. Nunca podré agradecer lo suficiente a todos aquellos amigos y compañeros la paciencia que tuvieron en enseñarme y corregirme. Todos, sin excepción. Fue mi primera gran familia científica y de ellos aprendí todo lo que luego me sirvió para crecer como profesional. Aprendí a fregar tubos, erlemenyers y probetas, muchas, al mismo tiempo que mis compañeros me enseñaron a discernir lo que se veía en el microscopio y las placas de cultivo. Me sentía como el aprendiz que estaba aprendiendo un oficio.

Y llegó quinto curso y el final de una etapa. Un año antes había empezado mi tesina de licenciatura con Eduardo Vicente y Sergi Ferrer. Queríamos sacar protoplastos de un hongo filamentoso que envejecía. Y lo conseguimos. Salió la primera publicación y se produjo la charla más importante de mi vida profesional. Hablé con mi padre para ver cómo nos íbamos a organizar tras acabar mi carrera y definir cómo iba a empezar a trabajar en el negocio familiar. Eso pensaba yo, porque mi padre no me dio la oportunidad de discutirlo. En pocas palabras me dijo que me veía entusiasmado con lo que hacía en el laboratorio y que en la vida había que ser feliz. A su manera me dijo que él creía que con la ciencia sería mucho más feliz que con los pollos. Y en ese momento me sentí libre de apostar por dedicar mi vida profesional a la investigación científica en microbiología.

Gracias a todo lo que trabajamos en el laboratorio pude defender mi tesina nada más acabar la carrera y conseguí una beca del Gobierno español para hacer la tesis. La empecé en un tema que a mí me parecía muy interesante: desarrollar un sistema de transformación genética para el hongo productor de penicilinas *Penicillium chrysogenum*. Teníamos multitud de ideas y poco dinero para realizarlas. Fueron dos años fantásticos que se vieron truncados por un curso de posgrado. Federico me recomendó irme a Madrid tres semanas a hacer el curso teórico-práctico de ingeniería genética que ofertaba el Centro de Biología Molecular. No solo me lo recomendó, sino que peleó mi inscripción y me buscó la financiación. Esas tres semanas me cambiaron la vida. Tuve acceso a técnicas moleculares que solo había leído en los libros, hice mis primeros experimentos de clonaje y recibí clases de los grandes prebostes de la biología molecular en España. Uno de ellos, Víctor Rubio, era en aquel momento el director científico de Antibióticos, SA. Le conté que habíamos transformado *Penicillium* en Valencia y a los pocos días me ofreció un contrato de trabajo en Antibióticos que implicaba acabar allí mi tesis. Volví a Valencia y lo hablé con Federico, quien me animó a dar el paso. Y cuando me quise dar cuenta ya estaba trabajando en Madrid en un proyecto distinto: clonar el gen de la ciclasa, el gen clave en la ruta de síntesis de antibióticos betalactámicos. Y fue entonces cuando tuve la fortuna de encontrar a mi segundo maestro, Miguel Ángel Peñalva, que fue mi jefe en la empresa. Miguel había hecho su tesis con Margarita Salas. Trabajar con él fue una experiencia increíble. No había día donde no recibiera una nueva provocación intelectual. Miguel me enseñó a pensar más allá de las líneas establecidas, me enseñó a plantear experimentos que dieran más información de la prevista. Federico me había enseñado microbiología y Miguel genética microbiana. Y conseguí leer mi tesis en mi Facultad de Biología en Burjassot, casi al mismo tiempo que me casé con la que ha sido mi compañera y mi mejor amiga. Todo iba sobre ruedas excepto por un pequeño detalle: el director general de Antibióticos, un personaje llamado Mario Conde, decidió vender la compañía a una multinacional italiana.

A diferencia de otros compañeros, Miguel y yo sabíamos que el futuro en la compañía no era claro. Él sacó unas oposiciones al CSIC y yo me volví a Valencia. Don Federico me consiguió una plaza de profesor no numerario en la que estuve unos pocos meses hasta que saqué una plaza de colaborador científico en el Instituto de Agroquímica y Tecnología de Alimentos del Consejo Superior de Investigaciones Científicas (IATA-CSIC) en Valencia. Mi vida profesional dio un vuelco radical: pasé de la farmacia a la alimentación, pero sin cambiar la base microbiológica. No fueron fáciles los comienzos en el IATA-CSIC. La inmensa mayoría del claustro del instituto no entendía esa apuesta por traer biotecnólogos. Pero siguiendo los consejos de Federico, siempre don Federico, hice lo que él me aconsejó: en lugar de aislarme busqué con quién trabajar conjuntamente. Y encontré en Agustí Flors, José Antonio Pérez, Paco Piñaga y Salvador Vallés los amigos y compañeros perfectos. Y construimos un grupo de investigación en biotecnología de microorganismos de uso en la industria agroalimentaria que creció, formó a muchos estudiantes, algunos de los cuales hoy ya son catedráticos o profesores de investigación, y transfirió patentes a la industria agroalimentaria. Aislamos multitud de levaduras industriales y mejoramos sus capacidades industriales, de la misma forma que fuimos capaces de identificar y sobreproducir enzimas provenientes de hongos filamentosos que mejoraban características organolépticas o funcionales en muchos alimentos y bebidas. Las bases de estos trabajos se forjaron gracias a dos estancias posdoctorales que realicé en el Departamento de Genética de los Microorganismos Industriales de la Universidad de Agricultura de Wageningen en Holanda. Necesitaba ver qué se hacía fuera de España, tenía esa asignatura pendiente. Allí trabajé bajo las órdenes de mi tercer maestro, Jaap Visser, que me enseñó a interaccionar con empresas y trabajar en proyectos industriales. Gracias a él nos enganchamos desde Valencia al proyecto europeo EUROFUNG y comenzamos a producir resultados transferibles. Y fue por eso por lo que se me ofreció la dirección del instituto y posteriormente la coordinación del área de Ciencia y Tecnología de Alimentos del CSIC.

Tener la oportunidad de trabajar cinco años como coordinador de alimentos del CSIC bajo la supervisión directa de Emilio Lora-Tamayo fue un proyecto excitante. Aprendí la tecnología de alimentos en su globalidad tras analizar y coordinar los diez institutos del área y me di cuenta de lo que el CSIC implica como organismo público de investigación. Pero al mismo tiempo, durante esos cinco años, empecé a darle vueltas en mi cabeza a preguntas recurrentes: ¿si hacíamos tan buena ciencia por qué no transferíamos más a la industria?, ¿se podría crear una estructura distinta para transferir de forma ágil y eficaz? Y así surgió Biópolis, la compañía de biotecnología que hace veinte años generamos como una *start-up* del CSIC. Nos ayudaron en la aventura Central Lechera Asturiana, Talde Capital Riesgo y Natraceutical. Comenzamos con 56.000 € y un fermentador de cinco litros, contratando a dos personas y trabajando en un pequeño laboratorio de 40 m^2 en el IATA. Gracias a que el CSIC era el socio mayoritario, lideré la aventura sin dejar de ser funcionario, dejando mi grupo y pasando a trabajar en Biópolis a tiempo completo sin percibir más salario ni tener acciones. Nos dieron dos años para entrar en beneficios y fue entonces cuando di otro giro a mi tema de trabajo y decidí comenzar una nueva línea de investigación en la empresa, buscando probióticos y otros ingredientes funcionales que tuvieran un efecto positivo en la salud de los consumidores. Tuvimos suerte y las cosas fueron bien. Generamos beneficios y cuatro años después de su fundación Biópolis creó una segunda compañía, Lifesequencing, dedicada a la secuenciación genómica masiva. Fuimos pioneros en el análisis de microbiomas y la compañía creció, al extremo que a los cincos años de su creación decidimos trasladarnos a un edificio propio a 250 m del IATA en el Parc Cientific de la Universitat de València. En ese edificio construimos una planta de fermentación industrial.

La inversión por parte de los socios industriales fue elevada y el CSIC dejó de ser el socio mayoritario. Fue en ese momento cuando pedí la excedencia del CSIC y pasé a trabajar a tiempo completo en Biópolis. Y fue entonces cuando los socios me dieron un pequeño paquete de acciones de la compañía como agradecimiento a todo el trabajo realizado. De la noche al día dejé de ser científico para pasar a ser consejero delegado. No cambiaron mucho las cosas. Al fin y al cabo, éramos una compañía que vendía ciencia y lo hacíamos razonablemente bien. En esos años y los siguientes disparamos la oferta de nuestros servicios de I+D en biotecnología microbiana. Ganamos clientes en los cinco continentes y en casi cualquier sector industrial: de la química a la farmacia, pasando por la veterinaria, la agroalimentación o la cosmética. El sueño de tres lunáticos se convirtió en una empresa que en el año 2017 daba empleo a cuarenta y cinco personas y facturaba tres millones de euros con beneficios netos importantes. Y entonces llegó ADM.

ADM son las siglas de la empresa norteamericana Archer Daniels Midland, una compañía creada en el año 1902, que tiene 40.000 empleados y facturó el año pasado 100.000 millones de dólares. Este gigante de la agroalimentación se fijó en nosotros porque trabajábamos en alimentación y salud haciendo buena ciencia. Por eso en el año 2017 compraron el 90 % de nuestra compañía, quedando el otro 10 % en propiedad del CSIC. Desde entonces soy el vicepresidente de I+D en alimentación y salud de ADM. Trabajamos en la búsqueda de moduladores del microbioma de origen natural que prevengan el desarrollo de enfermedades, tanto en alimentación humana como animal. En los locales de Biópolis-ADM hemos desarrollado un porfolio de probióticos con amplios *dossiers* científicos que incluyen ensayos clínicos en humanos que son eficaces en inflamación intestinal, obesidad, problemas de piel (dermatitis atópica y psoriasis), salud metabólica e inmune o infertilidad masculina. Somos líderes mundiales en microbioma, con más de 80.000 microbiomas analizados hasta la fecha. Y lo más importante, esa ciencia bien hecha ha dado lugar a ingredientes que producimos en nuestra planta de fermentación ubicada en nuestras instalaciones y vendemos en los cinco continentes. Ya damos empleo a ciento veinte personas y en los próximos meses deberemos ampliar sustancialmente nuestra plantilla. El futuro es esperanzador.

Este es el resumen de mi vida profesional. A mí se me ha hecho corta y aún me parece que estoy aprendiendo. Pero sé que ya estoy al final de mi carrera. Lo único que tengo claro es que, por culpa de mis tres maestros, Federico, Miguel y Jaap, siempre he intentado hacer la mejor ciencia posible y buscar compañeros de aventuras donde otros veían competidores. He sido un afortunado por tener estos tres mentores y también por haber trabajado en equipos de gente extraordinaria. Ahora solo me queda un último paso que dar: asegurar el futuro de ADM-Biópolis y acabar de formar a toda una serie de científicos que trabajan en nuestra compañía. Estoy seguro de que muchos de ellos en el futuro tendrán puestos de relevancia dentro y fuera de la compañía desde los que podrán seguir haciendo buena investigación en biología que repercuta en la mejora de la vida de las personas. Pero todo esto no hubiera sido posible sin una vida personal plena. He sido un afortunado por tener unos padres, una mujer y unos hijos que han sabido soportar la profesión de biólogo que un bendito día decidí emprender. Ellos son en mucha medida responsables de todo lo bueno que he conseguido profesionalmente.

Dentro de este apartado de producción y calidad pueden englobarse otros temas relacionados con la investigación y el desarrollo como: medicamentos de uso humano y veterinario, análisis agroalimentario, calidad en la industria alimentaria.

5.2 ACUICULTURA

Otra posibilidad para los futuros profesionales de la biología es la acuicultura, en la que se engloban actividades tan diversas como el marisqueo, la acuicultura marina, la acuicultura en agua dulce y la explotación de algas marinas, y todas ellas efectuadas en sus distintas modalidades como parque de cultivo, vivero, criadero o granja.

La acuicultura, según la FAO (Organización de las Naciones Unidas para la Agricultura y la Alimentación), es una actividad dirigida a producir y engordar organismos acuáticos en su medio. También se define como el cultivo en condiciones controladas de especies que se desarrollan en el medio acuático (peces, moluscos, crustáceos y plantas) y que son útiles para el hombre. La acuicultura va ligada a la intervención humana para incrementar la producción a través de la concentración de poblaciones, su alimentación y la protección frente a los depredadores.

En los años ochenta se distinguían tres cultivos característicos en la acuicultura española, entonces familiar y muy tradicional: bateas de mejillón, principalmente en las rías gallegas; cultivo de trucha arco iris, y otras especies continentales en estanques con agua dulce procedente de los ríos y esteros gaditanos, donde los peces se estabulan en zonas de poca profundidad y separadas del mar abierto. Los peces crecen y se alimentan del medio natural.

Más tarde, en los años noventa, con la incorporación de nuevas tecnologías y una mayor industrialización del sector, se incorporaron nuevas especies como el rodaballo en el norte de España o, más recientemente, el lenguado.

Hoy en día, la acuicultura supone, a escala mundial, el 54 % de la producción del pescado que consumimos y, en nuestro país, uno de los mayores consumidores de pescado en el mundo, en torno al 25 %. La acuicultura ha comenzado a percibirse como una vía para mantener e incrementar el consumo de pescado y satisfacer las demandas futuras de proteínas, y constituye, además, una fuente de empleo.

Los últimos datos del Ministerio de Agricultura, Pesca y Alimentación (MAPA), correspondientes al año 2018, indican que en España contábamos con 5.075 establecimientos y una producción de 319.015 toneladas. La mayor parte de las instalaciones acuícolas son cultivos verticales, principalmente bateas, que se corresponden con los altos valores de producción de mejillón: 261.100 toneladas en 2019 según datos de la Junta Nacional Asesora de Cultivos Marinos (JACUMAR). La lubina es el pez que más se produce.

España se caracteriza por ser uno de los países con una mayor diversidad acuícola, cultivándose en torno a cuarenta especies de acuicultura marina y continental. La mayor parte de ellas se crían con fines comerciales y alimenticios; otras tienen un componente ambiental, vinculado a la conservación de especies en peligro y, más recientemente, han surgido nuevos usos relacionados con la acuicultura ornamental o el cultivo de algas para la producción de biodiésel (https://www.observatorio-acuicultura.es/conocenos).

Siempre contamos, en el curso Competencias, con la participación del profesor de Investigación del CSIC del Centro de Acuicultura de Torre la Sal, Juan Peña Forner, probablemente el primero de los biólogos valencianos en dedicarse a esta especialidad, en la actualidad jubilado. Como en su contribución a este texto ha incluido informaciones varias sobre cómo acceder a trabajar en este ámbito, dejemos que sea él quien nos lo cuente:

Acuicultura, Juan Peña

Formación inicial

Desde pequeño, como la mayoría de los niños, me gustaban los animales, desde los insectos a los anfibios y peces, llegando a coleccionar conchas de bivalvos y gasterópodos. Por este motivo, al finalizar el curso preuniversitario (equivalente al Curso de Orientación Universitaria) me matriculé en primer curso de Ciencias (común para las carreras científicas) en 1968, justo el año en que se empezó a estudiar Ciencias Biológicas en Valencia. Por consiguiente, empecé esta carrera en el curso 1969-70, que finalicé en junio de 1973, por tanto, pertenezco a la gloriosa segunda promoción de Biológicas de Valencia, cuando todavía no estaba construido el campus de Burjasot, realizando dos cursos en unas aulas del convento del barrio de El Carmen, cerca de las torres de Quart.

Al finalizar la licenciatura, por mi circunstancia de vivir en Peñíscola y estar en contacto con los pescadores, me interesaba el estudio del mundo marino y, por la indicación de un patrón de barco, en julio de 1973 visité el Instituto de Investigaciones Pesqueras (IIP), perteneciente al Consejo Superior de Investigaciones Científicas (CSIC), ubicado en el puerto pesquero de Castellón, donde se realizaban estudios de pesquerías, de hidrografía y se estaba empezando a efectuar el cultivo del langostino (*Penaeus kerathurus*) en acuarios. Mi visita fue providencial, pues una becaria, encargada del cultivo de las microalgas, iba a renunciar a su beca por estar embarazada. El director del Centro me propuso aprender la técnica del cultivo de las microalgas, sin sueldo, pero solicité una beca del III Plan de Desarrollo de tres años, que conseguí en noviembre de 1973, para aislar diatomeas del puerto de Castellón y cultivarlas para alimentar a las larvas de langostino.

En verano de 1976, en el IIP recibimos la visita del Profesor Yutaka Uno, de la Universidad de Pesquerías de Tokyo (UPT), quien propuso realizar un intercambio de estudiantes, enviar un becario japonés a Castellón y viceversa, durante dieciocho meses, prorrogables otros dieciocho meses. Debido a que mi beca finalizaba en noviembre, me presenté voluntario para el intercambio, tardando varios meses de papeleos, visados y una visita a la embajada nipona en Madrid.

Finalmente, el 12 de enero de 1977, salí rumbo a Tokyo, donde me esperaba el Dr. Uno y el becario del intercambio, Kiyoharu Kobayashi, que llevaba varios años aprendiendo español. Yo apenas tuve unos meses para aprender inglés, pues en bachillerato había estudiado francés.

Durante los primeros doce meses, además de la estancia en la UPT, el Dr. Uno nos organizó diferentes viajes a gran variedad de centros de acuicultura, interesándome por el cultivo de las macroalgas, las ascidias, la ostra, la almeja, la vieira, la carpa, la dorada, la anguila, el pulpo y las orejas de mar. Finalmente, cada estudiante tenía que especializarse en un cultivo y elegí la oreja de mar, por ser la especie que tiene mayor valor comercial en Japón y otros países asiáticos. No pensé en que en España no se comercializaba.

Para ello, el Dr. Uno me envió a la Chiba Prefecture Fhisheries Station de Chikura donde permanecí cinco meses aprendiendo y practicando todas las fases del cultivo de la oreja de mar *Haliotis discus*. Al finalizar mi estancia en Japón el Dr. Uno me obsequió con cincuenta ejemplares jóvenes y tres adultos de dicha especie para continuar el cultivo en el IIP, que sobrevivieron las 26 horas del viaje, excepto los adultos, así pude finalizar mi tesis doctoral que defendí el 2 de febrero de 1982 en la Facultad de Ciencias Biológicas de Valencia, titulada «La acuicultura de Haliotis discus Reeve».

Durante mi estancia en Japón, la Excma. Diputación de Castellón construyó un nuevo Centro de Acuicultura en Torre de la Sal, que cedió al CSIC y pasó a denominarse Instituto de Acuicultura de Torre de la Sal (IATS), inaugurándose en noviembre de 1978. Llegué a tiempo para ayudar en el traslado de aparatos, material y animales.

En 1979 conseguí una beca de un año de las Cofradías de Pescadores de Castellón para realizar repoblaciones de langostinos en la costa castellonense. Mientras tanto, solicité una beca predoctoral de la Diputación de Castellón para realizar la tesis doctoral, que conseguí en enero de 1980, que pasó a ser posdoctoral tras lograr el grado de doctor en 1982 y disfruté hasta enero de 1987. En febrero de 1987 obtuve el nombramiento de Científico Titular del CSIC, tras aprobar la oposición en mayo de 1986.

A mi regreso de Japón redacté mi tesis de licenciatura, que había dejado colgada, recopilando los trabajos realizados en los tres primeros años de beca que titulé «Técnicas de cultivo de fitoplancton» y defendí en la Facultad de Ciencias Biológicas de Valencia en 1979. Fruto de mis conocimientos en diatomeas marinas, dirigí la tesis doctoral al Dr. Iker Uriarte Merino, titulada «Estudio comparativo de la citología, fisiología y bioquímica de diatomeas marinas Thalassiosiraceas», que defendió en la Universidad Autónoma de Barcelona en 1990.

Finalmente, tras cerrar el ciclo biológico de *Haliotis discus* en que los juveniles nacidos en el IATS alcanzaron la mayoría sexual y desovaron en varias ocasiones, llegué a tener cuatro generaciones. Debido a que *Haliotis discus* es una especie exótica que no podía liberar al mar Mediterráneo, y a que en la costa castellonense existen pocas especies de macroalgas para alimentar a gran número de este gasterópodo herbívoro, recurrí a proporcionarles lechuga romana, pero al final entregué unos doscientos ejemplares adultos a unos colegas gallegos para que las mantuvieran con la abundancia en algas gallegas y continuaran su cultivo. El resto de las orejas de mar pasaron por la barbacoa.

En 1989 cambié de especie, empezando el estudio de la pesquería y los bancos naturales de la concha de peregrino (*Pecten jacobaeus*) en la Comunidad Valenciana, así como su reproducción y el sistema de reclutamiento de las semillas, siguiendo el método aprendido en Japón. En los bancos naturales de este bivalvo en la costa castellonense localicé la existencia de doce especies de pectínidos, destacando la volandeira (*Aequipecten opercularis*) y la zamburiña (*Mimachlamys varia*).

Fruto de los resultados obtenidos en el cultivo de los pectínidos, dirigí una tesis doctoral sobre la concha de peregrino «Ciclo gametogénico y de almacenamiento de reservas en una población natural de Pecten jacobaeus (L) (Bivalvia: Pectinidae) en las costas de Castellón» al Dr. Sergio Mestre Froissard que defendió en 1992 en la Universidad de Valencia. Posteriormente, en 1999, el Dr. Joaquim Canales Leiva defendió su tesis doctoral en la Universidad de Valencia titulada «Estudio comparativo del ciclo reproductor de dos poblaciones de Aequipecten opercularis (L.) (Bivalia: Pectinidae)».

En 2003 me concedieron un proyecto PETRI de tres años sobre el impacto ambiental que producen las heces y los restos de pienso de las jaulas del cultivo de peces sobre el fondo y en las aguas circundantes y su reducción mediante la construcción de una barrera de mejillones y pectínidos alrededor de las jaulas. Fruto de este trabajo en 2013 edité un libro titulado *Minimización del impacto ambiental de las jaulas de peces. Policultivo de peces con moluscos bivalvos* de la Editorial Académica Española.

Recorrido profesional para acceder a un centro del CSIC

Concretamente, los centros de acuicultura, biología marina y pesquerías que pueden interesar a los estudiantes de Biología se encuentran en Barcelona, en Cádiz, en Vigo y en Torre de la Sal (Castellón), pero recientemente se han incorporado los centros del Instituto Español de Oceanografía (Murcia, Santander, Mallorca, Málaga, A Coruña, Vigo y Tenerife). Además, algunas autonomías disponen de centros aplicados en Andalucía (Cádiz y Huelva), Asturias (Castropol), Canarias (Telde, Gran Canaria), Cataluña (Deltebre), Galicia (Ribadeo y Vilaxoan) y Murcia. En la Comunidad Valenciana no se ha invertido en crear un centro de investigación en acuicultura, a pesar de disponer de muchos kilómetros de costa y obtener la mayor producción de peces de España (lubina (*Dicentrarchus labrax*), dorada (*Sparus aurata*) y corvina (*Argyrosomus regius*), además de las anguilas (*Anguilla anguilla*) y las clóchinas (*Mytilus galloprovincialis*) y zamburiñas (*Mimachlamys varia*).

El acceso a uno de los centros de acuicultura empieza por conseguir una beca-contrato predoctoral, realizar la tesis doctoral y lograr una beca posdoctoral en un centro extranjero de renombre (Reino Unido, USA, Canadá). Al regresar se puede optar a un contrato I3P del CSIC o a un contrato Juan de la Cierva de tres años. Posteriormente, conseguir un contrato Ramón y Cajal de cinco años y, en ese tiempo, opositar a una plaza de científico titular. Con los años, se puede acceder a investigador científico y a profesor de investigación.

Especialidades de Biología

Las especialidades de Biología que se pueden aplicar a la acuicultura son:

- *Zootecnia*: reproducción, acondicionamiento de reproductores, domesticación, población monosexo, tasa de crecimiento, nutrición, eficiencia de conversión del alimento.
- *Biotecnología*: bioquímica, biología molecular, proteómica.
- *Genética*: mejora genética, poliploidía, clonación, transgénicos, genoma, hibridación, marcadores genéticos, selección.
- *Medio ambiente*: impacto ambiental del cultivo de peces, tolerancia al estrés, estrés oxidativo producido por los xenobióticos.
- *Patología*: resistencia a patógenos y parásitos, dispersión de enfermedades, vacunas, sistema inmune, tratamiento y prevención de enfermedades.

Grupos de especies cultivables

- *Vegetales*: Microalgas unicelulares (diatomeas, cloroficeas, haptophyceas); Macroalgas (cloroficeas, rodoficeas, feoficeas).
- *Animales*: Carnívoros; Crustáceos (langostinos, cangrejos); Moluscos gasterópodos (*Concholepas, Bolinus*); Moluscos cefalópodos (pulpo, sepia) y peces (dorada, lubina, corvina, atún, lenguado, rodaballo, anguila).
- *Herbívoros*: Moluscos gasterópodos (oreja de mar, lapas); Moluscos bivalvos (ostras, mejillón, almejas, vieiras, zamburiña); Equinodermos: (erizos de mar, holoturias); Cordados (ascidias) y peces (mugílidos).

Líneas de investigación

- *Especies auxiliares*: la mayoría de los equipos necesitan alimentar a sus larvas con microalgas y con el zooplancton en sus primeras etapas del desarrollo, por tanto, se necesita un grupo encargado de producir masivamente las diatomeas (base del alimento de las zoeas y mysis de los crustáceos), y las cloroficeas y haptophyceas unicelulares se usan para alimentar las larvas y adultos de los bivalvos, así como a los rotíferos y a la Artemia sp., que se proporcionan a las larvas de peces.
- *Fisiología de la reproducción de los peces*: este equipo se encarga de la reproducción de los peces, controlando las puestas para tener mayor calidad de las crías, manejo de los reproductores, manipulación genética y triploidía. Modificación del ciclo circadiano de los reproductores para obtener desoves durante el día en lugar de la noche.
- *Endocrinología del crecimiento de los peces*: estudios sobre el aislamiento de la hormona del crecimiento (somatotropina) de los extractos hipofisarios. Secuenciación y expresión del cDNA que codifica la hormona del crecimiento. Elaboración y ensayo de harinas a base de soja y alfalfa en sustitución de la harina de pescado. Estudio de la ingesta, suministrando el pienso en diferentes horas del día.
- *Parasitología y patología*: estudios sobre el mecanismo de la respuesta inmune de los peces. Detección e identificación de los parásitos mixosporidios, hongos, bacterias y virus de los peces.
- *Reproducción y cultivo de moluscos bivalvos*: ensayos de acondicionamiento de los reproductores e inducción al desove de los bivalvos, alimentación

con diferentes cepas de microalgas. Captación natural de semillas de pectínidos en mar abierto y su engorde en estructuras sumergidas. Marcadores genéticos de poblaciones naturales de almejas y vieiras. Filogenia de vieiras por los genes rRNA 12S, 16S y citocromo oxidasa I. Estudio de la almeja fina para las scnDNA y el mtDNA genomas F y M.

Pero en acuicultura no solo se hace investigación, el aumento del sector de la acuicultura en los últimos años ha sido espectacular y eso lo vivimos en Colegio Oficial de Biólogos de la Comunitat Valenciana, ya que de pronto se empezaron a pedir visados de proyectos, sobre todo de jaulas de engorde de peces en el mar en número cada vez mayor, proyectos que se repartían por casi toda la costa: Castelló, Sagunt, Gandía, Denia, Santa Pola. Y también he de mencionar a la empresa Valenciana de Acuicultura (VALAQUA), sita en tierra firme, en Puzol, con una larga historia, ya que se inició en 1984 y es probablemente la mayor productora de anguilas en cautividad de España, donde hacen prácticas de empresa nuestros estudiantes.

Para más información se puede consultar «La Acuicultura en España. Informe 2021» de APROMAR (Asociación Empresarial de acuicultura de España), disponible en: <https://apromar.es/wp-content/uploads/2021/12/La-Acuicultura-en-Espana-2021.pdf>.

En València se puede estudiar el Máster de Acuicultura, impartido por profesorado tanto de la UV como de la Universitat Politècnica de València y el CSIC y ofertado en las dos universidades.

5.3 OTROS ÁMBITOS RELACIONADOS CON EL MEDIO NATURAL

El Consejo General de Colegios de Biólogos señala, además, las siguientes áreas relacionadas con producción y calidad, porque se ha detectado que existen profesionales de la biología trabajando en todas ellas: gestión de caza, producción forestal, gestión sostenible de recursos naturales, turismo rural-natural, viveros y jardinería, plantas medicinales y herboristería, promoción y desarrollo rural, producción agropecuaria convencional y ecológica, cosmética y cooperación y desarrollo internacional. Haré algunos comentarios de mi experiencia en algunos de estos campos.

5.3.1 *Gestión de caza*

En las charlas siempre aparece algún futuro biólogo o bióloga que se extraña de que hablemos de gestión de la caza. Nadie está obligado a trabajar en esto, si no lo desea, pero os aseguro que la gestión de la caza da de comer a bastantes biólogos, sobre todo, en algunas comunidades autónomas donde la caza es una actividad que cabe tener en cuenta.

Os sorprenderá saber que la Comunitat Valenciana es una de las que más licencias de caza por habitante tiene. Es cierto que está bajando el número de licencias de caza en los últimos años, aun así, en 2019 había en España 743.600 licencias, mientras que en 2005 había 1.069.800 licencias, es decir, una disminución de casi el 30 %. También es cierto que sube la edad media de los cazadores, por ejemplo, en Andalucía ha pasado de 42 a 52 años, lo que implica que la gente joven no parece ser tan aficionada a la caza.

Pero, a pesar de que baje el número de licencias, ha subido el número de animales cazados y las cifras son espeluznantes; en 2019, la última cifra que he encontrado publicada por el Ministerio, se cazaron veinte millones de ejemplares, de los cuales trece millones eran aves. Los expertos achacan esta subida, a pesar de haber menos licencias, al denominado «turista cinegético», que se comporta de manera distinta al cazador tradicional: este vuelve a casa con unos pocos ejemplares, mientras que en el otro caso pueden matarse cientos de ejemplares en un fin de semana y debido a la suelta masiva de animales, previamente criados para este fin, en fincas donde es fácil encontrarlos. Y este turismo cinegético mueve mucho dinero, no solo en la gestión de la caza, también en el equipamiento de los cazadores, pues solo hay que fijarse en los departamentos de algunos grandes almacenes dedicados a ello.

Y aunque únicamente estamos hablando del 2 % de la población, que es lo que representan las licencias de caza mencionadas, también puede sorprender que más del 80 % de la superficie de España esté declarada de aprovechamiento cinegético, lo que supone un total de 43,8 millones de habitantes. Se ha dicho no hace mucho en prensa que España es un gran coto de caza y, en efecto, es así.

Todo esto supone que hay que gestionar ese territorio cinegético y esa gestión se hace mediante los planes técnicos de caza (PTC) o planes técnicos de ordenación cinegética (PTOC), tal como se denominan en la Ley de Caza de la Comunidad

Valenciana,[2] de obligado cumplimiento por parte de los propietarios de terrenos cinegéticos, es decir, de cotos de caza. Un plan técnico de caza es un documento que fija las directrices para la gestión y el aprovechamiento cinegético de un coto de caza. La gestión de la caza está transferida a las comunidades autónomas y en algunas se definen los planes técnicos de caza de manera más respetuosa con el medio, por ejemplo, en Andalucía, donde se definen así:

> Los planes técnicos de caza son instrumentos de gestión de los terrenos cinegéticos que garantizan el aprovechamiento sostenible de las especies cazables de Andalucía. El objetivo de estos planes, obligatorios para todos los terrenos cinegéticos, es compatibilizar el aprovechamiento sostenible de las especies cinegéticas con la conservación de la diversidad biológica. A partir de los planes técnicos de caza se establecen los criterios de gestión cinegética, debiendo incluir, entre otros datos, el inventario de poblaciones silvestres existentes, la estimación de extracciones o capturas a realizar y la delimitación de una zona de reserva para permitir el refugio y desarrollo de las poblaciones en las que no podrá practicarse la caza ni cualquier otra actividad que afecte negativamente a aquellas.

Los planes técnicos de caza los debe realizar un técnico cualificado y los biólogos/as lo son, puesto que en nuestra formación se incluye la ecología, que estudia entre otras cosas la dinámica de poblaciones y su manejo y control. Y estos planes, que tienen una duración de cinco años, incluyen que hay que hacer una memoria y un plan anual de gestión; todo ello implica trabajo que debe realizar un técnico competente.

Los técnicos cualificados para redactar planes técnicos de caza son ingenieros de montes, ingenieros técnicos forestales, ingenieros agrónomos, licenciados o diplomados. El técnico debe ser miembro de un colegio profesional, porque la mayoría de las administraciones exigen que el plan técnico de caza esté visado.

Los colegios profesionales de biólogos han tenido que velar por que esto sea así y se nos reconozca como técnicos competentes, porque en muchas ocasiones se rechazaban por parte de los técnicos de la Administración, si los PTC iban firmados por biólogos. Pero ahora ya no ocurre, siempre que lleven el visado colegial, del que ya hablamos en el capítulo 1 y que es muy importante en diversos trabajos.

---

[2] Ley 13/2004, de 27 de diciembre, de Caza de la Comunidad Valenciana [2004/13490]. DOGV núm. 4913, de 29.12.2004.

Existen diversos cursos de posgrado y másteres donde se pueden ampliar los conocimientos sobre estos temas. De nuevo os animo a que consultéis en la red las últimas novedades en cursos de posgrado.

5.3.2 *Producción forestal. Gestión sostenible de recursos naturales*

Ya he tocado el tema de la gestión forestal en el capítulo dedicado al medio ambiente al tratar sobre la prevención de incendios forestales, así que solo insistir en la importancia de conocer bien los ecosistemas y su funcionamiento cuando se quiere incidir sobre estos.

Hace unos meses aparecía un artículo del catedrático de Ecología de la Universidad de Granada, Jorge Castro Gutiérrez, titulado «La madera muerta no es basura: por qué retirarla perjudica el bosque»,[3] que resume muy brevemente la importancia de la madera, en forma de troncos, ramas o raíces, como aporte de nutrientes, ya que suponen más del 95 % de la biomasa de los árboles y alberga muchos elementos químicos, prácticamente todos los que son necesarios para la vida: nitrógeno, fósforo, potasio, hierro, manganeso , y cuya cantidad es importante. La relativamente lenta tasa de descomposición de la madera es una ventaja más que un problema. Permite la liberación de esos nutrientes poco a poco, favoreciendo así su captación de nuevo por las plantas vivas y con ello un reciclaje eficaz. La madera es, por tanto, un reservorio de nutrientes que mantiene la fertilidad del suelo del bosque.

Pero, tal como indica Castro:

> La madera no solo aporta nutrientes al suelo. Además, es un alimento directo para muchos organismos, como hongos o insectos. Estos hongos y estos insectos son al mismo tiempo una fuente de alimento para otros muchos animales, como aves, mamíferos, reptiles y otros insectos. En definitiva, la madera muerta es la base de una red trófica que sustenta a una cantidad ingente de especies. La mayor parte de la biodiversidad de los bosques *está ligada, de forma directa o indirecta, a la presencia de madera muerta* y a su descomposición.

---

[3] <https://theconversation.com/la-madera-muerta-no-es-basura-por-que-retirarla-perjudica-el-bosque-175127>.

También señala Castro que la madera es, finalmente, un elemento que genera estructura en el ecosistema. Los troncos y ramas caídos modifican las condiciones ambientales a pequeña escala, como la insolación, la velocidad del viento o la humedad relativa del aire y del suelo. Esto genera una gran heterogeneidad de microhábitats en los que podrán asentarse distintas especies animales o vegetales en función de sus requerimientos.

El papel estructural de la madera también genera protección contra los herbívoros al actuar como barrera física, favoreciendo, por tanto, la regeneración del bosque. Aporta además materia orgánica al suelo, lo que mejora su textura, porosidad y otros muchos parámetros físicos que *favorecen el crecimiento de las plantas*.

La madera muerta es, por tanto, un elemento esencial para el funcionamiento del bosque. No es un residuo, no es basura. Sin embargo, es muy común que en la gestión de los montes se eliminen los restos de madera muerta, especialmente *tras perturbaciones como incendios, plagas o tormentas*. Nos hemos acostumbrado tanto a esto que hasta los ciudadanos reclaman con frecuencia que se retiren los árboles muertos tras estas perturbaciones. Esta actividad, que se denomina «saca de la madera», se ha realizado durante décadas por todos los continentes, y muy particularmente en el entorno de la región mediterránea. Las razones aducidas para eliminar la madera tras perturbaciones varían en las distintas regiones del mundo. Una de las principales justificaciones es su venta. Esto es algo que debemos aceptar siempre y cuando el uso de ese monte en particular sea comercial, igual que comerciamos con las plantas que cultivamos. No obstante, en muchas situaciones no existe un objetivo comercial (por ejemplo, porque la madera no tenga la calidad suficiente o porque se trate de un área protegida) y, sin embargo, se extrae la madera.

En estos casos, se aduce que la saca de la madera favorece los trabajos futuros en la zona al facilitar el tránsito de personal y maquinaria, evita el riesgo de accidentes por la caída de árboles, reduce el riesgo de incendio y reduce el riesgo de plagas que puedan afectar a las partes no quemadas o parcialmente quemadas del bosque.

Estas razones han sido fuertemente cuestionadas por estudios recientes realizados en diferentes partes del mundo que han demostrado que los argumentos utilizados para la saca de la madera tras perturbaciones *dependen del contexto y no siempre están justificados*.

Por ejemplo, no se ha demostrado una relación causal entre la presencia de madera y el aumento de la incidencia de los incendios, e incluso se ha comprobado un mayor riesgo de incendio tras la retirada de la madera, al generarse materiales inflamables como astillas y trozos de ramas finas.

El riesgo de plagas de insectos perforadores de la madera depende del tipo de perturbación. En el caso de los incendios forestales (la perturbación más común en España), los árboles quemados no son un sustrato para los insectos plaga, que se alimentan de árboles vivos pero debilitados, por lo que no se justifica la extracción generalizada de los árboles muertos.

Por último, *los accidentes pueden evitarse adoptando medidas de seguridad*, como la tala de los árboles muertos en las zonas más visitadas o transitadas, o la realización de los trabajos de restauración cuando hay menos riesgo de caída de árboles.

En general, las investigaciones en el campo de la ecología dejan claro hoy día que la madera muerta es un elemento fundamental para el funcionamiento de los bosques, para promover su regeneración tras perturbaciones y para acelerar la recuperación de los *servicios ecosistémicos* que nos proveen. Por lo tanto, deberíamos cambiar las políticas de gestión de la madera muerta y permitir que toda o parte de ella permanezca en su sitio.

El ámbito de la gestión sostenible de los recursos naturales, tan importante para nuestra supervivencia como especie, es y será todavía más una oportunidad de trabajo para las personas que estudien o hayan estudiado ciencias biológicas. Lo que se denominan recursos naturales, por parte de nuestro sistema económico, no son más que parte de los ecosistemas terrestres y marinos que los humanos explotamos en nuestro beneficio. En muchos casos, los hemos esquilmado hasta agotarlos, se ha hecho una gestión absolutamente insostenible de ellos, desde el desconocimiento de cómo funcionan los ecosistemas. Deberíamos recordar que la sostenibilidad, tal y como la define Ramón Folch,[4] es el proceso de contrariación de la insostenibilidad, es decir, de contrariación del modelo socioambiental actualmente imperante, basado en la explotación de la inequidad, el consumo de recursos renovables por encima de su tasa de renovación, en el consumo de recursos no renovables por encima de su tasa de sustitución y en el vertido de residuos por encima de sus posibilidades de asimilación. Por tanto, queda

---

[4] Ramón Folch: *Diccionario de Socioecología*, Barcelona, Editorial Planeta, 1999.

claro que es un concepto que tiene que ver con la reconciliación de la justicia social, la integridad ecológica y el bienestar de todos los sistemas vivientes en el planeta, y esa debería ser la guía para una gestión sostenible.

5.3.3 *Helicicultura*

Probablemente, a muchos no les suene ni el nombre de helicicultura. Yo tengo una anécdota respecto a este de hace muchos años, cuando empezamos a colegiarnos en el COB, hacia 1983. Aún no teníamos ni oficina en València y yo atendía en mi despacho de la Facultad lo relacionado con el Colegio. Una mañana vino un empresario interesado en ponerse en contacto con un biólogo/a que supiera de helicicultura y supiera francés y le dije que buscaría. Poco después, esa misma mañana vino a recoger los papeles para colegiarse una bióloga recién licenciada en la especialidad de zoología que sabía que la helicicultura es el cultivo de caracoles en granjas y sabía francés, así que acudió a la empresa y la contrataron para iniciar el cultivo de caracoles en la Comunitat Valenciana, una empresa pionera, con gente que había estado en alguna granja en Francia, donde ya se hacía cultivo de caracoles.

El sector helicícola es un sector ganadero de historia reciente, ya que hasta no hace tanto el consumo de caracol se basaba únicamente en la recolección, y se empezaron a montar instalaciones dedicadas a la cría y engorde en los años ochenta. Sin embargo, la prohibición de recolectar y dañar animales silvestres, así como la posesión, transporte y comercio de estos, que introdujo la Ley 42/2007, del Patrimonio Natural y de la Biodiversidad, ha potenciado esta actividad.

El sector helicícola, al igual que otros sectores agrarios, se encuentra recogido dentro del régimen de la OCM única, regulada por el Reglamento (CE) 1308/2013 del Parlamento Europeo y del Consejo de 17 de diciembre de 2013, por el que se crea la organización común de mercados de los productos agrarios y por el que se derogan los reglamentos anteriores. El sector ha crecido mucho y existe la Asociación Nacional de Cría y Engorde del caracol (ANCEC), una entidad sin ánimo de lucro y de ámbito estatal. ANCEC se encuentra integrada dentro de la Organización Interprofesional del Caracol de Crianza (Interhélix), que está reconocida por el Ministerio de Agricultura y es representante del sector.

Las granjas se encuentran reguladas de manera genérica por la Ley 8/2003, de sanidad animal, que establece que todas las granjas deberán estar registradas y autorizadas por la autoridad competente. Por lo tanto, en principio, todas las granjas autorizadas deben estar incluidas en el Registro General de Explotaciones Ganaderas (REGA), y según el sector, aunque en el registro hay más, existen unas 300 granjas activas, siendo Andalucía y Cataluña las autonomías que más granjas tienen.

El tipo de caracol utilizado y su sistema de cría varían mucho entre las distintas regiones de España, en función principalmente del consumo tradicional de cada zona.

Capítulo 6

Servicios

Dentro de este último capítulo, el Consejo General de Colegios de Biólogos recoge aquellas facetas de la profesión que se entienden directamente como servicios a la sociedad; se engloban aquí aspectos muy diversos de la profesión.

6.1 Tasaciones y peritajes

Las tasaciones y los peritajes son uno de esos trabajos que requieren del visado colegial, del que ya he hablado en otros capítulos. Cada año el Colegio consulta a los colegiados quiénes quieren aparecer en la lista de peritos biólogos que requiere la Administración de Justicia para realizar peritajes para la judicatura.

En derecho procesal se define un perito judicial como una persona experta, con conocimientos profundos y reconocidos en una materia determinada dentro del marco de un proceso judicial, a la que se consulta por ser un profesional especializado para aportar información al juez sobre determinados puntos de conflicto en un litigio y poder ayudar a la justicia a tomar una decisión final. El perito ejecuta y aplica herramientas y recursos válidos en la investigación, con la debida ética correspondiente a su profesión, para probar o refutar las cuestiones en conflicto. Los informes de los peritos judiciales tienen una destacada importancia en los juicios, porque los jueces pueden llegar a basar buena parte de sus sentencias en su testimonio. Los peritos deben aportar pruebas sólidas en los procedimientos judiciales.

Esto significa que un juez puede llamar a cualquiera de los colegiados/as que están en esa lista para realizar un peritaje de algo relacionado con nuestra profesión, por ejemplo, desde un análisis de la calidad de unos jamones y sus años de curación hasta la certificación de una contaminación por determinados tipos de semillas, por citar dos casos que llegaron al colegio en mis tiempos de decana y en los que recurrimos a un microbiólogo y a una botánica experta en semillas, para que hicieran los correspondientes informes para los juzgados que los requerían. Entonces aún no existía la lista de peritos, sino que desde un juzgado se solicitaba al colegio profesional un perito experto en el tema en cuestión.

Y no solo se puede hacer de perito para el juzgado, también se puede ser perito de parte, es decir, en cualquier litigio hay dos partes litigantes y ambas pueden solicitar peritajes y aportarlos a la causa.

La función principal del perito judicial es la de ofrecer un análisis técnico e independiente sobre los hechos y las pruebas reunidas para ayudar a llegar a un veredicto, dentro de los plazos que se determinan. Esto ocurre especialmente cuando se trata de una causa que en alguno de sus aspectos presenta dificultades y desconocimiento por parte de la justicia y necesita de una persona especializada. Las partes en conflicto o el fiscal del procedimiento pueden aportar informes realizados por un perito; los delitos en los que se requieren informes muchas veces están relacionados con el medio ambiente o con todo lo relacionado con el genoma.

En todos los casos, los peritos biólogos visarán sus informes para que quede constancia de la autoría y cobrarán por su trabajo, bien de la Administración bien del particular, y el colegio profesional puede orientar en cuanto a los honorarios que deben percibirse, que, sobre todo durante los primeros años, siempre era una duda que les surgía a los compañeros/as que se iniciaban en estos menesteres.

6.2 Biología forense. Genética forense. Entomología forense

Dentro de la biología forense se engloban la criminalística, la genética, la toxicología, la bioquímica y la ecotoxicología.

Desde los años ochenta del siglo pasado los tribunales de justicia de todo el mundo requerían el análisis del genoma humano para esclarecer y solventar situaciones judiciales, tanto en el ámbito civil como en el criminal. Por el término *genética forense* se entiende el conjunto de técnicas y metodologías basadas en el análisis de la variabilidad genética entre individuos con el fin individualizar la procedencia de fluidos o restos biológicos depositados en lugares relacionados con la comisión de un delito o en el cuerpo de las víctimas. Lo primero que se empezó a estudiar fueron antígenos eritrocitarios, lo que se conoce como hemogenética forense, y la genética forense se ha ido desarrollando a medida que se ha ido conociendo mucho más sobre el ADN. En la actualidad, se ocupa tanto de la investigación biológica de la paternidad como de todo lo relacionado con la criminalística, casos de asesinatos, secuestros, delitos sexuales, etc., en los que se analizan restos orgánicos humanos (sangre, pelo, saliva, esperma, piel), y también se ocupa de casos de identificación de restos de cadáveres. Las pruebas de paternidad a partir de ADN se empezaron a realizar a mediados de los ochenta y los laboratorios de la Administración de Justicia empezaron a contratar especialistas en técnicas de análisis de ADN. Muchos biólogos, sobre todo biólogas, se dedicaron a ello, aunque sin que se convocaran plazas de funcionarios, lo que ha tardado mucho en ocurrir. En los últimos años se van convocando plazas del Instituto Nacional de Toxicología y Ciencias Forenses.

A principio del año 2001, siendo decana del COBCV, la secretaria del Colegio me preguntó por qué estaban llamando colegiados preguntando dónde podían especializarse en entomología forense, tema por el que hasta ese momento nadie se interesaba. Trasladé la consulta al entonces vicedecano, el catedrático de Fisiología Animal Rafael Martínez Pardo, que investigaba sobre la fisiología de los insectos, había realizado una estancia en Estados Unidos y conocía la serie que en aquellos momentos estaba de moda y que yo aún no había visto, *CSI Las Vegas*, donde aparece el personaje del entomólogo forense Gil Grissom, interpretado por el actor William Petersen, motivo del interés por la entomología forense en ese momento. Rafa me habló de la serie y del personaje, inspirado en un criminalista bioquímico y experto en entomología forense del Departamento de Policía de Las Vegas.

La entomología forense es la disciplina encargada del estudio de los artrópodos que se encuentran en los cadáveres, con el propósito de proporcionar información útil en las investigaciones policiales o judiciales, siendo la aportación más importante la estimación del intervalo *post mortem. CSI Las Vegas* se emitió durante quince años y tuvo varias secuelas (*CSI Miami, CSI Nueva York, CSI Internacional*) y el personaje de Gil Grissom se hizo muy famoso.

A partir del éxito de la serie en España y de la demanda que suscitó por el tema, empezaron a ofertarse másteres relacionados con la biología forense, y hoy en día estos pueden realizarse en más de quince universidades.

Este es un ejemplo más de la influencia de los programas de televisión en las vocaciones. Las generaciones de finales de los setenta estábamos marcadas por los programas de Félix Rodríguez de La Fuente y David Attenborough (por cierto, aún en activo, a pesar de sus muchos años, con maravillosos programas con nuevas posibilidades técnicas, que recomiendo vivamente); después vino

Jacques Cousteau y la biología marina hizo furor. Y aunque los diversos *CSI* tuvieron su momento en los primeros años 2000, hay que decir que la realidad se aleja mucho de esa ficción americana y que la biología forense viene de lejos y se desarrolló en Europa.

A las charlas que organizaba para el alumnado siempre invité a que viniera a contarnos «las aventuras de un biólogo en los tribunales» (tal y como él subtituló alguna de sus conferencias) al ecotoxicólogo forense Luis Burillo, que a continuación nos contará su recorrido vital.

Luis, que entonces ya trabajaba para la Administración de Justicia, nos hablaba en estas charlas del marco en el que se movía y que según él comentaba, de forma muy divertida, venía a ser el cabreo del legislador, el artículo 325 del Código Penal, que está en el capítulo III, que es el dedicado a «los delitos contra los recursos naturales y el medio ambiente»:

> Art. 325:
>
> 1. Será castigado con las penas de prisión de seis meses a dos años, multa de diez a catorce meses e inhabilitación especial para profesión u oficio por tiempo de uno a dos años el que, contraviniendo las leyes u otras disposiciones de carácter general protectoras del medio ambiente, provoque o realice directa o indirectamente emisiones, vertidos, radiaciones, extracciones o excavaciones, aterramientos, ruidos, vibraciones, inyecciones o depósitos, en la atmósfera, el suelo, el subsuelo o las aguas terrestres, subterráneas o marítimas, incluido el alta mar, con incidencia incluso en los espacios transfronterizos, así como las captaciones de aguas que, por sí mismos o conjuntamente con otros, cause o pueda causar daños sustanciales a la calidad del aire, del suelo o de las aguas, o a animales o plantas.
>
> 2. Si las anteriores conductas, por sí mismas o conjuntamente con otras, pudieran perjudicar gravemente el equilibrio de los sistemas naturales, se impondrá una pena de prisión de dos a cinco años, multa de ocho a veinticuatro meses e inhabilitación especial para profesión u oficio por tiempo de uno a tres años. Si se hubiera creado un riesgo de grave perjuicio para la salud de las personas, se impondrá la pena de prisión en su mitad superior, pudiéndose llegar hasta la superior en grado.

Como puede verse, el apartado 1 es tremendamente exhaustivo, y eso es lo que se corresponde con el supuesto cabreo del legislador, ya que redacciones anteriores de este mismo artículo, que eran bastante vagas, habían permitido librarse de penas a muchos infractores, por no estar perfectamente especificado, así que, vistos los subterfugios utilizados por abogados defensores, se plasmó todo tipo de daños al medio. Y para certificar esos daños están las periciales de los peritos, biólogos en este caso, ya que en muchas ocasiones los jueces no pueden conocer esos daños y necesitan de un peritaje.

Luis Burillo, ecotoxicólogo forense

Si uno acude al *Diccionario* de la Real Academia, la primera acepción que aparece del término *vida* es: «fuerza o actividad esencial mediante la que obra el ser que la posee».

Desde que puedo recordar, siempre me atrajo «la fuerza o actividad de todo que la posee», en toda escala espacial y temporal. Quizás: mi hipermetropía, los reportajes de La 2, un padre biólogo, la obsesión infantil por coleccionar y un atardecer de verano en un río de la montaña de León hicieron el resto.

Cuando terminé mi bachillerato, la música, otra «forma de vida», competía con la biología como ámbito profesional. Finalmente, lo que me decidió por la biología (había menos opciones con las que marearse) es pensar a qué estaba dispuesto a dedicarme diez horas todos los días el resto de mi vida, que es una definición de vocación que oí años más tarde.

Sin las dificultades académicas actuales, entonces se matriculaban masivamente en Ciencias Biológicas, además de biólogos, médicos y veterinarios que no habían podido acceder a su primera opción por diversos motivos. Esta peculiaridad, junto con un temario reiterativo (física, biología, química y matemáticas) y mi impaciencia de antaño, puso a prueba la opción tomada. Sin embargo, superado ese desierto inicial, los años siguientes fueron respondiendo a mi interés y expectativas; como aquella curva que describía el crecimiento bacteriano, pero sin alcanzar todavía la fase de muerte celular. Aunque me especialicé en zoología y me obsesionaban los artrópodos, ojalá hubiera podido aprender más entonces sobre otros invertebrados o sobre bioquímica, botánica, ecología, cordados o geología, porque todo me apasiona y todo me ha hecho falta, y me sigue haciendo, en mi trayectoria profesional.

Entre los muchos mitos sociales infundados sobre la universidad, que se asumen sin crítica entre los estudiantes, hay dos especialmente llamativos: el primero es que el resultado académico es proporcional al éxito profesional y el segundo es que la universidad te prepara para ejercer una profesión. Sin dejar de ser excepcionalmente cierto, no son ecuaciones de primer grado con una sola incógnita. La universidad, al menos la que yo conozco, te da una caja de herramientas más o menos completa y flamante, en función de tu rendimiento y de la calidad de los docentes, pero no puede explicarte cómo tendrás que utilizarlas en el ejercicio profesional, entre otras cosas, porque la mayoría de los docentes jamás han ejercido otra cosa que la docencia o la investigación (y rara vez se hacen bien las dos cosas). Esta no es una crítica amarga, sino una constatación de que poco o nada puede predecirse sobre lo que depara el futuro cuando uno está en la cola de la matrícula.

Cuando estaba terminando la carrera, consciente de las salidas profesionales que me quedaban, y de la necesidad de saber más de algo para poder buscarme la vida, decidí quedarme haciendo un doctorado y empecé a indagar sobre posibilidades en diversos departamentos. La suerte quiso que un proyecto recién iniciado sobre el estudio de la calidad de las aguas de los ríos y su estimación a partir de las comunidades de invertebrados acuáticos que las habitan (algo novedoso por entonces en nuestro país y hoy obligado por la legislación) necesitara de alguien dispuesto a pasar largas horas frente a una lupa binocular y al que no le importara meterse en barro hasta la cintura. Fracasado ese proyecto, la definición de uno nuevo con mucho más barro, para aplicar este mismo método de seguimiento de la calidad de las aguas en la Albufera de València, se convirtió en mi tema de tesis doctoral. Fueron seis años decepcionantes en lo académico y en lo humano pero cruciales en lo profesional. Enamorarse de la Albufera de València, conocer al detalle el despropósito de su grado de contaminación y resolver sin dinero cualquier problema metodológico, me prepararon para lo que habría de venir. Convencido de que no había sitio para mí en la Facultad, decidí cursar un máster de 1070 horas (a lo largo de dos años) que ofertaba la Universidad de Valencia bajo el discutible título de «Sanidad Medioambiental» mientras culminaba mi tesis doctoral. Más que nada para volver a ampliar el horizonte laboral, algo que puede hacerse más de una vez a lo largo de una vida. Un máster universitario era entonces una ampliación de lo académico que raramente guardaba relación con lo laboral. No obstante, mejoré ostensiblemente el contenido de mi caja de herramientas. Mientras tanto, pequeños trabajos, estudios, cursos y proyectos me permitieron redondear mi intermitente sueldo de becario y adquirir todo tipo de insospechadas habilidades. Que yo recuerde nunca he estado quieto y solamente un mes parado.

Nuevamente el azar quiso que surgiera en 1997 una plaza de facultativo interino con la extraña denominación de «ecotoxicólogo forense», dedicada a la realización de informes periciales para los juzgados de la Comunidad Valenciana y para la incipiente Sección de Medio Ambiente de la Fiscalía. Dicha plaza se vinculaba a un convenio firmado entre la Conselleria de Justicia y la Universidad de Valencia. Podía haber optado por quedarme en la Facultad de Ciencias Biológicas, pero la naturaleza del convenio, y mi ignorancia absoluta sobre el mundo del derecho, me decidió a cambiar de aires, quemar mis naves e integrarme en el departamento de Medicina Legal de la Facultad de Medicina pocos meses antes de doctorarme. Dado que en ese momento había en España solamente tres personas dedicadas a aspectos forenses en relación con el medio ambiente (hoy no pasan de la docena), hablé con todo aquel que pudiera ayudarme a averiguar en qué consistía el trabajo que había asegurado que podría realizar.

Era entonces la Cátedra de Medicina Legal un lugar desvencijado y con un presupuesto inversamente proporcional al entusiasmo de sus habitantes, que se tomaron la molestia de acogerme y enseñarme cuanto sabían sobre el mundo judicial. Debo aclarar que no solo eran estupendos docentes, sino que la mayoría eran médicos forenses en excedencia. Sabiendo que, en lo relativo al medio ambiente, solo mi libreta de teléfonos y las horas de estudio podrían sacarme de un apuro, un soleado día de octubre me subí en el asiento corrido de un Land Rover del SEPRONA de la Guardia Civil y partí con rumbo a lo desconocido.

En estos veinticinco años, cambiando únicamente de pagador y de destino dentro de la Administración de Justicia, he realizado alrededor de dos mil informes periciales, seiscientas inspecciones, ciento ochenta tomas de muestras y he asistido a cerca de trescientos juicios sobre: transformación de espacios naturales más o menos protegidos, vertidos, emisiones atmosféricas, mortandades, maltrato animal, incendios forestales, construcciones ilegales (y legales) y un largo y variopinto etcétera con la legislación ambiental como vademécum. Aunque casi todos los temas que me ha tocado peritar son apasionantes, del mismo modo que la cabra tira al monte, el limnólogo que intenté ser revive ante las periciales que atañen al deterioro de las zonas húmedas en las que he trabajado: desde el Delta de l'Ebre al Mar Menor.

El trabajo, a grandes rasgos, consiste en responder a las cuestiones que te plantean los policías, jueces y fiscales para la resolución de sus investigaciones y que, la mayor parte de las veces, rondan la formulación del artículo 325 del Código Penal y, por lo tanto, deben explicar y ponderar la gravedad del riesgo de perjuicio para los sistemas naturales o la salud de las personas, de los hechos investigados. Cuando falla la educación, el sentido común y la labor de vigilancia y control de la Administración (no siempre por este orden), la protección penal del medio ambiente es la última línea de defensa que le queda a nuestro patrimonio natural. Soy plenamente consciente de que esta alternativa es muchas veces incapaz, si no inadecuada, para hacer justicia resarciendo a las víctimas.

Es un trabajo tan exigente como apasionante, con sus gratificaciones y frustraciones en todos los ámbitos que, desde el principio y con el mismo balance, incluyó también labores docentes para las personas con competencias en la protección del medio ambiente y gente del ámbito del derecho medioambiental. Durante estos años he tenido como compañeros a alumnos en prácticas de la Facultad de Ciencias Biológicas que, en su inmensa mayoría, hubiera deseado que se quedaran para siempre a trabajar conmigo; y la suerte de poder viajar constatando el desastre global, unas veces como docente y otras como perito. Del mismo modo, he conservado y ampliado mi lista de docentes universitarios y compañeros biólogos dispuestos a cooperar en la resolución de casos judiciales, cuando el caso requería de su específica área de conocimiento. Su opinión es fundamental en una profesión que debiera dejar de ejercerse por parte de peritos omniscientes. Por muchas razones, el mejor perito judicial no es el que más sabe, sino el que más amigos tiene. No obstante, también dejé de acudir a congresos y foros académicos, porque rara vez encontraba respuesta alguna a mis preguntas.

Harto de ser interino, en el año 2018, me presenté a las oposiciones convocadas por el Ministerio de Justicia para la plaza de Facultativo de Valoración Toxicológica y Medio Ambiente del Instituto Nacional de Toxicología y Ciencias Forenses, que viene a desarrollar aspectos similares a los que incluía mi anterior puesto laboral para la Generalitat Valenciana. El proceso de preparación de las oposiciones y las posteriores prácticas y estancia laboral en Barcelona, pese al *procés* y la pandemia, han sido un privilegio, una renovación y un acicate para los años que me quedan como profesional y me han permitido conocer a biólogos que trabajan en otros ámbitos de las ciencias forenses (por ejemplo: toxicólogos, genetistas, entomólogos). En estos años, aunque mi vocación sigue siendo el estudio de la vida y su conservación, he visto mucha muerte, ignorancia y desprecio hacia la casa común, cuya salud solo es una prioridad en el discurso público. Pero créanme si les digo que, pese a todo y a todos, el ejercicio de la biología forense me ha permitido constatar que existe y existirá vida después de la muerte.

6.3 Prevención de riesgos laborales. Salud laboral

Puede parecer raro incluir un apartado que habla de prevención de riesgos laborales y salud laboral entre las posibles competencias profesionales de los biólogos, pero, de hecho, es una posible salida profesional a la que se dedican algunos y por eso la contemplamos. Recordemos que entre las competencias recogidas en el artículo 15 que ya vimos en el capítulo 1 se citan las siguientes, todas ellas relacionadas con este ámbito:

c. Producción, transformación, manipulación, conservación, identificación y control de calidad de materiales de origen biológico.
d. Identificación, estudio y control de los agentes biológicos que afectan a la conservación de toda clase de materiales y productos.
e. Estudios biológicos y control de la acción de productos químicos y biológicos de utilización en la sanidad, agricultura, industria y servicios.
f   Identificación y estudio de los agentes biológicos patógenos y sus productos tóxicos. Control de infecciones y plagas.
m. Análisis biológicos, control y depuración de aguas.
p. Estudios, análisis y tratamiento de la contaminación industrial, agrícola y urbana.

Y desde que fue aprobada la Ley 31/1995, de 8 de noviembre, de Prevención de Riesgos Laborales, todas las empresas, tal y como recoge la ley en su artículo 16, están obligadas a tener sus planes de prevención de riesgos laborales, evaluación de los riesgos y planificación de la actividad preventiva. Y se especifica que:

1. La prevención de riesgos laborales deberá integrarse en el sistema general de gestión de la empresa, tanto en el conjunto de sus actividades como en todos los

niveles jerárquicos de esta, a través de la implantación y aplicación de un plan de prevención de riesgos laborales a que se refiere el párrafo siguiente.

Este plan de prevención de riesgos laborales deberá incluir la estructura organizativa, las responsabilidades, las funciones, las prácticas, los procedimientos, los procesos y los recursos necesarios para realizar la acción de prevención de riesgos en la empresa, en los términos que reglamentariamente se establezcan.

2. Los instrumentos esenciales para la gestión y aplicación del plan de prevención de riesgos, que podrán ser llevados a cabo por fases de forma programada, son la evaluación de riesgos laborales y la planificación de la actividad preventiva.

La ley especifica que se debe realizar una evaluación inicial de riesgos para la seguridad y salud de los trabajadores y que se debe actualizar dicha evaluación y realizar controles periódicos de las condiciones de trabajo y de la actividad de los trabajadores para detectar situaciones potencialmente peligrosas.

La normativa de prevención de riesgos vigente divide las labores preventivas en tres campos distintos: seguridad en el trabajo, higiene industrial y ergonomía y psicosociología aplicada.

Como en otras especialidades, también aquí será necesario cursar un máster para poder ejercer en estos ámbitos, en particular, en nuestro caso, en lo relacionado con la higiene industrial. Existen másteres de prevención de riesgos laborales en diversas universidades y, en concreto, el máster de la Universitat de València prepara a su alumnado en las tres especialidades.

Ya he comentado, sobre el tema de la prevención de riesgos laborales, en el capítulo 1, que durante los años que estuve en la Delegación de Medio Ambiente de la Universitat de València viví el proceso de creación del Servicio de Prevención al que obligaba la nueva ley y mi implicación en el tema de la gestión de residuos. Para tener más información os remito a la página web del Servicio de Prevención y Medio Ambiente de la UV, donde podéis ver las áreas en las que se trabaja y donde hay mucha información relevante sobre este tema: <https://www.uv.es/uvweb/servei-prevencio-medi-ambient/ca/servei/presentacio-1285899540519.html>.

6.4 Otros ámbitos relacionados con servicios

6.4.1 *Biología del ocio (zoológicos, museos, parques temáticos y jardines botánicos)*

Todo lo relacionado con la biología del ocio es realmente un área en ascenso dentro de nuestra profesión y va a más en los últimos años.

Desde muy antiguo han existido jardines botánicos. Sin ir más lejos, el nuestro, el de València, adscrito a la Universitat, tiene más de doscientos años en su ubicación actual, ya que se inició en 1802, lo que lo convierte en uno de los más antiguos de España. Mantiene la estructura original y unos edificios de invernaderos y umbráculo muy destacables. Recomiendo la consulta de su página web y su visita para conocerlo, algo imprescindible para todo futuro biólogo/a.

Actualmente, el jardín dedica su investigación al conocimiento de la diversidad vegetal, la conservación de especies raras, endémicas o amenazadas de la flora mediterránea y a la conservación de los hábitats naturales. Además, tiene una incesante actividad educativa y cultural llevada a cabo por los gabinetes de didáctica y de cultura y comunicación, impulsados por su actual director, que ha sido muchos años conservador del jardín, el botánico Jaime Güemes. Si se incluye aquí el Jardín Botánico es por estas últimas facetas, pero ha de quedar clara su trascendencia como centro de investigación y conservación de plantas (https://www.jardibotanic.org).

El actual Bioparc de València es otro lugar donde quisieran trabajar muchos futuros biólogos/as, de hecho, se pueden hacer prácticas en él, y lo mismo ocurre con el Oceanogràfic, en la Ciutat de les Arts i les Ciències. Recuerdo que organizamos en el COBCV un par de cursos sobre acuariología y sobre recirculación de aguas, poco antes de que se inaugurara el Oceanogràfic. Al impartir el de recirculación vino un compañero del Colegio de Galicia experto en el tema, y poco tiempo después dos de las personas que lo realizaron fueron contratadas en el Oceanogràfic, las cuales estuvieron muy agradecidas con el curso, pues les supuso un plus. En ambos lugares trabajan, evidentemente, biólogos/as.

Lo mismo ocurre en los museos relacionados con las ciencias naturales, que también existen en la Comunitat Valenciana. Ordenar, conservar e investigar colecciones de animales disecados, de malacología, mariposas, insectos, fósiles, etc., es otra posibilidad de trabajo. En la misma facultad, en las instalaciones del campus de Burjassot, se han podido por fin, en 2018, después de muchos años de intentos, albergar las colecciones de la Facultad de Ciencias Biológicas en el Museo de la Universitat de València de Historia Natural (https://www.uv.es/uvweb/museo-historia-natural/es/museo/presentacion-1286032558023.html). El museo recoge 32 colecciones científicas con cientos de miles de ejemplares reunidos a partir de las del Museo de Geología y de las del antiguo Gabinete de Historia Natural de la uv.

Además, en València encontramos el Museo Municipal de Ciencias Naturales, situado en los Jardines del Real. Ocupa el edificio de un antiguo restaurante y el origen histórico de este museo se remonta a finales del siglo xix; fue una donación de Rodrigo Botet a la ciudad, y es la más importante colección de paleontología sudamericana presente en Europa. Dio lugar al primer museo paleontológico del continente, y durante casi un siglo estuvo en el edificio histórico del Almudín.

En la Ciutat de les Arts i les Ciències está el Museo de las Ciencias, con diversas exposiciones permanentes. Y por el resto de la Comunitat se hallan diversos museos relacionados con los seres vivos, como el Museo Paleontológico de Alpuente, el museo Temps de dinosaures, en Morella, y otros de gestión privada, en colegios, sobre todo, que sirven para el propio alumnado, y que en ocasiones están abiertos al público. Y también debemos citar los parques temáticos, como Terra Natura en Benidorm o Río Safari en Elx.

Con todo ello, lo que quiero poner de manifiesto es que esta es un área que cada vez tiene más auge y en la que se puede trabajar como biólogo/a.

6.4.2 *Marketing o comercial de productos farmacéuticos y aparatos de laboratorio*

Cuando empezamos con los cursos de competencias aún aparecían en los periódicos anuncios de puestos de trabajo y realizábamos un taller de búsqueda de puestos donde se solicitaran biólogos o licenciados en ciencias o «similar». Esto de similar era lo que muchas veces se añadía a algunos perfiles, donde no se especificaba a los biólogos, aunque estaba claro, por el perfil, que un biólogo o bioquímico podía realizar esa tarea, y yo insistía en que nosotros éramos ese «similar» y que no debían abstenerse de presentarse. Observad que en esta ocasión solo he escrito biólogo, no bióloga ni biólogo/a, y es porque os aseguro que en esos anuncios nunca aparecíamos las biólogas, lo que no obsta para que luego se presentaran y pudieran acceder a esos trabajos.

Y cuento esto aquí porque muchos de esos trabajos eran ofertas para ser comercial de productos farmacéuticos y sobre todo de aparatos de laboratorio. Y son los que ahora siguen apareciendo en los portales de búsqueda de empleo en la actualidad, aunque de manera más diversificada.

Puede que penséis, como hacía mi alumnado años atrás, «no quiero estudiar o no he estudiado un grado en Ciencias Biológicas para dedicarme a vender aparatos de laboratorio», pero os diré que es una posible salida profesional, al menos mientras encontráis vuestro sitio. ¿Por qué se solicitan biólogos o bioquímicos para esto? Pues porque sabemos para qué y cómo se utilizan los aparatos de laboratorio y lo podemos explicar a los médicos, que son los interlocutores a los que se pretenden vender estas cosas, en un lenguaje científico.

Y no solo en las páginas de búsqueda de empleo siguen apareciendo ofertas de este tipo. En el boletín que publica el COBCV, donde hay un apartado de empleo, seguían apareciendo, al menos hasta hace poco, ofertas para: visitadores hospitalarios, especialistas en aplicaciones de laboratorio, delegados de venta de farmacia, etc.

6.4.3 *Comportamiento animal*

En el tríptico del Consejo General de Colegios Oficiales de Biólogos se incluye en este apartado el comportamiento animal, porque hay biólogos/as colegiados que ejercen en este ámbito, sobre todo, trabajando en reeducación o modificación de conducta de perros y gatos. En el capítulo de docencia e investigación, el profesor Enrique Font, en su contribución a la etología, ya ha hecho una referencia a este campo de la etología aplicada y a ella os remito. E insisto, como hace Font, en que creo que es un campo con mucho presente y futuro, que va a estar regulado por la nueva ley que se acaba de aprobar, la Ley 7/2023, de 28 de marzo, de protección de los derechos y el bienestar de los animales.

Esta ley define animal de compañía como:

> Animal doméstico o silvestre en cautividad, mantenido por el ser humano, principalmente en el hogar, siempre que se pueda tener en buenas condiciones de bienestar que respeten sus necesidades etológicas, pueda adaptarse a la cautividad y que su tenencia no tenga como destino su consumo o el aprovechamiento de

sus producciones o cualquier uso industrial o cualquier otro fin comercial o lucrativo y que, en el caso de los animales silvestres su especie esté incluida en el listado positivo de animales de compañía. En todo caso perros, gatos y hurones, independientemente del fin al que se destinen o del lugar en el que habiten o del que procedan, serán considerados animales de compañía. Los animales de producción solo se considerarán animales de compañía en el supuesto de que, perdiendo su fin productivo, el propietario decidiera inscribirlo como animal de compañía en el Registro de Animales de Compañía.

La nueva ley define también la figura del «Profesional de comportamiento animal: veterinario o persona cualificada o acreditada a su cargo o bajo su responsabilidad, cuyo desempeño profesional esté relacionado con el adiestramiento, la educación o la modificación de conducta de animales».

Asimismo, se crea el Consejo Estatal de Protección Animal, en el que «se garantiza la participación de las organizaciones profesionales y de protección de los animales más representativas, incluyendo biólogos y veterinarios».

Y un registro, entre otros, de profesionales de comportamiento animal:

b) Registro de Profesionales de Comportamiento Animal: la inscripción de cualquier persona que ejerza actividad profesional dirigida a la educación, adiestramiento, modificación de conducta o similares de los animales incluidos en el ámbito de aplicación de esta ley, las personas tituladas en veterinaria con formación acreditada en comportamiento animal, las personas con Licenciatura o Grado universitario con formación complementaria en Etología [...].

En este nuevo marco de referencia queda explicitado el papel que los biólogos/as pueden ejercer en este campo profesional.

6.4.4 *Experimentación animal*

La citada ley de protección de los derechos y el bienestar animal, de 2023, excluye algunos casos como es el de los animales utilizados en experimentación:

Los animales criados, mantenidos y utilizados de acuerdo con el Real Decreto 53/2013, de 1 de febrero, por el que se establecen las normas básicas aplicables para la protección de los animales utilizados en experimentación y otros fines científicos, incluyendo la docencia, y los animales utilizados en investigación clínica veterinaria, de acuerdo con el Real Decreto 1157/2021, de 28 de diciembre, por el que se regulan los medicamentos veterinarios fabricados industrialmente.

Este real decreto de 2013 incorpora al ordenamiento jurídico español la Directiva 2010/63/UE, del 22 de septiembre de 2010, del Parlamento Europeo y el Consejo, relativa a la protección de los animales utilizados para fines científicos.

Esta directiva supuso un importante avance en materia de bienestar animal, no solo porque adaptó los requisitos generales mínimos a los avances científicos, sino también porque amplió el ámbito de aplicación de las normas de protección a los cefalópodos y a determinadas formas fetales de los mamíferos, y porque estableció como principio general la promoción e implementación del «principio de las tres erres», es decir, el reemplazo, la reducción y el refinamiento de los procedimientos, fomentando el uso de métodos alternativos a la experimentación con animales vivos.

Se regulan en ella, detalladamente, las condiciones mínimas en las que han de alojarse los animales y los cuidados que estos han de recibir, así como los requisitos mínimos exigidos a los criadores, suministradores y usuarios de animales de experimentación, todo ello con el objetivo principal de garantizar su bienestar en la mayor medida posible. Se establecen además las normas a las que deben atenerse los proyectos y procedimientos desde que se inician hasta que finalizan.

Se marca como objetivo último el total reemplazo de los animales en los procedimientos y se fijan normas específicas para la utilización de determinados tipos de animales, como pueden ser los animales vagabundos y asilvestrados, la fauna silvestre, las especies amenazadas y los animales de compañía. En este sentido, se fijan unos requisitos especialmente estrictos en el caso de los primates no humanos.

Otras novedades de importancia son la creación de una red de comités nacionales de bienestar y de puntos de contacto nacionales de coordinación en materia de implementación de las normas de protección y de los métodos alternativos. También se establece la obligatoriedad de que todos los criadores, suministradores y usuarios dispongan de órganos encargados del bienestar de los animales.

El principio de las tres erres queda definido en el artículo 4, que trata del principio de reemplazo, reducción y refinamiento. Así, se establece que se utilizarán siempre que sea posible, en lugar de un procedimiento, métodos o estrategias de ensayo científicamente satisfactorios que no conlleven la utilización de animales vivos. Y también que el número de animales utilizados se reducirá al mínimo, siempre que ello no comprometa los objetivos del proyecto. Las actividades relacionadas con la cría, el alojamiento y los cuidados, así como los métodos utilizados en procedimientos, se refinarán tanto como sea posible para eliminar o reducir al mínimo cualquier posible dolor, sufrimiento, angustia o daño duradero a los animales.

El artículo 14 plantea que los establecimientos de los criadores, suministradores y usuarios deben disponer de las instalaciones y el equipo idóneos para las especies de animales alojados y, si efectúan procedimientos, para la realización de estos. El diseño, la construcción y el funcionamiento de las instalaciones y equipos garantizarán que los procedimientos se realicen con la máxima eficacia posible, y favorecerán la obtención de resultados fiables utilizando el menor número de animales y causando el menor grado de dolor, sufrimiento, angustia o daño duradero.

Cada criador, suministrador o usuario designará:

a) Al menos un especialista responsable en bienestar de los animales, que será responsable *in situ* de la supervisión del bienestar y cuidado de los animales en el establecimiento.

b) Al menos un veterinario, en adelante el veterinario designado, con conocimientos y experiencia en medicina de animales de laboratorio, o a un especialista debidamente cualificado, si fuera más apropiado, que tendrá, con independencia de las demás actividades que pueda desarrollar, funciones consultivas en relación con el bienestar y el tratamiento de los animales.

Por tanto, puede verse también en la nueva ley que los profesionales de la biología expertos en etología tienen aquí un papel que desarrollar.

De unos años aquí, se ha reducido mucho el uso de animales en experimentación y se usan otros abordajes que no impliquen animales más que cuando no hay alternativa. Por ejemplo, se pueden utilizar células o tejidos cultivados en medios adecuados, habiéndose producido un auge de estas técnicas de cultivo de tejidos y también de cursos para aprender estas técnicas. La propia Universitat de València cuenta con una sección de cultivos celulares y citometría en el Servicio Central de Soporte a la Investigación Experimental (SCSIE), en el campus de Burjassot. Es un laboratorio destinado al desarrollo de un conjunto de técnicas que permiten el crecimiento, mantenimiento y estudio de células *in vitro*. Comprende tres áreas de trabajo: cultivos celulares, criopreservación y citometría de flujo. La sección tiene como objetivo principal proporcionar asesoramiento y apoyo técnico en las tres áreas, tanto a los grupos de investigación internos como a entidades externas.

Otra alternativa al uso de mamíferos, como ratas o perros, ha sido el uso del gusano *Caenorhabditis elegans*, una especie de nemátodo de la familia *Rhabditidae*, que mide aproximadamente 1 mm de longitud y vive en ambientes templados y se puede cultivar en placas de Petri. Ha sido un importante modelo de estudio para la biología, muy especialmente de la genética del desarrollo, desde los años setenta, y en años posteriores como modelo en metabolismo, por ejemplo, en estudios de obesidad, diabetes y otras enfermedades humanas.

Siendo decana de la Facultad de Ciencias Biológicas en los años noventa, vivimos dos episodios contradictorios respecto a este tema del uso de animales en experimentación y docencia. En un momento determinado, una parte del alumnado planteó que se dejara de utilizar animales en todas las prácticas de laboratorio de Zoología, Fisiología Animal, Bioquímica y Biología Molecular y otras signaturas, y los departamentos atendieron esta petición y cambiaron algunas de las prácticas o las fuentes de donde se obtenían los tejidos –por ejemplo, en Bioquímica, en lugar de sacrificar ratas de laboratorio, para utilizar músculo e hígado, pasamos a comprar diferentes tipos de tejido en carnicerías (lomo de cerdo e hígado de ternera o cordero)–; otras prácticas se sustituyeron por vídeos. Poco después, otra parte del alumnado planteó que no podían acabar los estudios sin haber realizado nunca una disección y que quien fuera objetor fuera eximido de esas prácticas, pero quien quisiera hacerlas debía tener tal oportunidad. Se atendió la petición, aunque realmente se redujo el número de prácticas donde se sacrifican animales.

En todos los casos, se atiende al principio de reemplazo, reducción y refinamiento ya mencionado, y se está a lo que indique el comité ético de experimentación de la UV.

La Universitat de València, dentro del Servicio Central de Soporte a la Investigación Experimental (SCIE), cuenta en el campus de Burjassot con la Sección de producción y experimentación animal, que es un servicio cuyo fin es mantener, producir y controlar los animales de experimentación destinados a la investigación y docencia que se imparte en esta universidad, así como de otros centros de investigación que soliciten sus servicios. Su finalidad es ofrecer apoyo tanto a la investigación como a las técnicas necesarias para su realización. En este sentido, las instalaciones están inscritas como centro usuario de animales de experimentación en el registro de centros usuarios del Servei de Producció i Sanitat Animal, Conselleria d'Agricultura i Pesca, de la Generalitat Valenciana. Los animales provienen mayoritariamente de centros de cría y suministro. El resto de los animales son criados en el estabulario. El Servicio cuenta con unas magníficas instalaciones para todo tipo de requerimientos.

6.4.5 *Protección radiológica y seguridad nuclear*

En el libro *La profesión de Biólogo* (1994), ya se mencionaba al titulado facultativo en radiaciones ionizantes, haciendo referencia a la legislación entonces vigente, que se ha actualizado recientemente con el Real Decreto 1029/2022, de 20 de diciembre, por el que se aprueba el Reglamento sobre protección de la salud contra los riesgos derivados de la exposición a las radiaciones ionizantes. Y también aquí aparece la figura del técnico en protección radiológica, en el artículo 29, que se define como licenciado con formación específica. Esta formación específica se recoge en la instrucción de 6 de noviembre de 2002, del Consejo de Seguridad Nuclear, número IS-03, sobre cualificaciones para obtener el reconocimiento de experto en protección contra las radiaciones ionizantes, donde se dice que se requerirá:

- Formación sobre los fundamentos y la tecnología de la protección radiológica, equivalente a un curso de trescientas horas de duración.
- Conocimientos en materia de seguridad y protección radiológica, respecto de las instalaciones en las que vaya a prestar servicio.

Así pues, esta es otra posible salida profesional, previa formación especializada, a la que pueden acceder los futuros biólogos/as, y aunque sea minoritaria sabemos de profesionales de la biología que trabajan en ello.

6.4.6 *Divulgación científica*

Probablemente, hoy es más necesario que nunca que las personas que tienen formación científica se dediquen a la divulgación de los temas en los que trabajan o conocen bien. Y digo que hoy es más necesario que nunca porque, con las redes sociales, una gran mayoría de personas tiene acceso a ellas y aparecen informaciones, no veraces ni científicas, que se venden como lo contrario, y es necesario que los científicos/as hagamos divulgación para contrastar esas informaciones falsas y para que la sociedad esté bien informada.

Hoy en día, hay una gran cantidad de temas relacionados con las ciencias biológicas que están en el centro de la actualidad y, por suerte, existen muchos blogs de compañeros, aunque no tantos de compañeras, que se dedican a la divulgación científica, y también existen revistas, como *Mètode*, editada por la Universitat de València, un ejemplo de divulgación científica que siempre cuenta con los mejores de cada especialidad para tratar cada tema, con un amplísimo comité científico, y que ha recibido muchos premios por su buen hacer. Y mucho tiene que ver que al frente de *Mètode* esté un doctor en Biología, zoólogo y escritor de éxito, Martí Domínguez, que ha derivado hacia el periodismo, en cuyo grado es profesor.

Y no olvidemos todo lo relacionado con la comunicación audiovisual. Ya hemos hablado de lo importante que han sido para muchos/as de nosotros/as los documentales de eminentes divulgadores científicos fueran o no biólogos/as. Si los que realizan los documentales sobre ciencias biológicas no tienen los conocimientos, por provenir del campo audiovisual o de otros, siempre necesitarán del asesoramiento científico pertinente y, evidentemente, si aquellos que entran en este terreno son de nuestra profesión habrá que buscar formarse en el campo audiovisual.

Existen algunos másteres de divulgación científica para especializarse en ello, como el de la UNED de Periodismo científico y comunicación de la ciencia, o el máster universitario en Historia de la Ciencia y Comunicación Científica de la Universitat de València, y también en la Universidad de Granada existe un máster en Información y Comunicación científica. Hay también otros cursos, como el Diploma de Experto en Comunicación Pública, Divulgación de la Ciencia y Asesoramiento Científicos de la Universidad Autónoma de Madrid, o el Diploma de Experto en Comunicación de la Ciencia y de la Innovación, de la Universitat Jaume I de Castelló, entre otros muchos en las universidades de País Vasco, La Laguna, Oviedo, etc.

Como en las otras recomendaciones sobre posibilidades de especialización que he reflejado en este texto, las ofertas varían mucho con los años y la recomendación es buscar en la red una oferta actualizada; solo pongo ejemplos a título orientativo de lo mucho que se puede encontrar.

Posdata: el futuro ya está aquí

En mis charlas sobre sostenibilidad, mucho antes de mi jubilación, he utilizado muchas veces una viñeta de Romeu en la que uno de los personajes decía: «Yo creía que iba a legar una porquería de planeta a mis hijos y ya lo será antes de mi jubilación», y otra le contestaba: «Y muy largo me lo fiais». Todos sonreíamos, pero realmente la viñeta es amarga por lo realista, aunque lo que realmente pretendía era remover conciencias y activar a las personas para que trabajen para que no sea así.

Las personas que estudiamos ciencias biológicas somos las que podemos contribuir a tener un planeta mejor, revirtiendo el mal hacer de muchos, porque entendemos cómo funciona, cómo son sus ecosistemas, qué está roto en ellos a causa de la actividad humana, y podemos aportar ese conocimiento para su conservación y buen funcionamiento, y para el bienestar de las personas.

Al principio de mi actividad profesional recuerdo que me invitaron a dar una charla sobre contaminación, y también lo mucho que sorprendió al auditorio que les dijera que en ecología no existe ese concepto, no hay contaminación; los ecosistemas funcionan de manera que se cierran los ciclos, siempre hay un animal, una planta, un microorganismo, un hongo que cierra el ciclo, pero eso es algo que los humanos no hemos aprendido de la naturaleza, ni hemos sabido aplicar a nuestro revolución industrial ni a la tecnológica: no cerramos los ciclos de producción, sino que externalizamos los daños ambientales en el espacio, llevando las industrias productivas a otros países; o al futuro, porque lo tendrán que solucionar las siguientes generaciones.

Ahora que ya se le ven las orejas al lobo, a ese que llamamos cambio climático, que tantos años venimos anunciando algunos/as, y vistos los informes del Panel Intergubernamental del Cambio Climático y los de biodiversidad, así como los de la situación de los océanos, la selva amazónica, etc., por fin se empieza a hablar de transición ecológica. En España, el antiguo Ministerio de Medio Ambiente –bueno, realmente no tan antiguo, pues no hubo uno hasta el año 1996 (en 1993 existía el Ministerio de Obras Públicas, Transportes y Medio Ambiente)– en 2018 pasó a ser el Ministerio de Transición Ecológica y Reto Demográfico (MITECO), que ahora incluye en sus atribuciones la energía y, por tanto, también la transición energética a energías limpias, y asume el compromiso de España de implementar la Agenda 2030 y desarrollar el cumplimiento de los Objetivos de Desarrollo Sostenible .

Quiero decir con esto que la buena noticia para la profesión es que va a haber más empleos para las personas que estudien o han estudiado ciencias biológicas. Y no solo lo pienso yo, el reciente Informe sobre el futuro de los empleos, del Foro Económico Mundial (WEF) o Foro de Davos, incide en la pujanza del sector en todo el planeta, después de analizar la información facilitada por grandes empresas de 45 economías. Leo estos días en prensa titulares como «Se buscan titulados para gestionar la transición ecológica» o «En una década se crearán más de 400.000 empleos en energías verdes y sostenibilidad», y sí, ya sé que no todo tiene que ver con lo nuestro, pero mucho de ello sí. Se inventarán nuevas titulaciones, seguro, ya existe el grado en Gestión de ciudades inteligentes y sostenibles, de la Universitat de Barcelona, desde el curso 2017-18, pero muchas de las cosas que se podrán hacer las podéis hacer las personas que estudien o hayan estudiado Ciencias Biológicas, dentro de todo este abanico profesional que he intentado mostraros en estas páginas. Así que en vuestras manos está el futuro.